内燃机中的流体运动

Fluid Flow in Internal Combustion Engines

宋金瓯 吕 刚 宋崇林 编著

王天友 主审

U0259270

天津大学出版社
TIANJIN UNIVERSITY PRESS

内容提要

本书运用流体力学基本原理分析了内燃机进排气过程，缸内流体运动、燃油喷射及混合气形成过程；运用流体力学基本概念、理论与方法分析了内燃机进排气系统的结构特征与管内压力波动的关系及对进排气过程、增压器、消声器和后处理器的影响；介绍了内燃机缸内湍流模型的最新研究进展以及缸内流动从进气、压缩到膨胀冲程的演变过程；论述了高压燃油在油管内的水击现象和在喷油孔内的空化现象，燃油初次雾化和二次雾化的机理和强化方法，喷雾场热力学、动力学特性和内燃机缸内混合气制备过程。本书力图反映当前国内外内燃机流体运动领域的研究成就和全貌，以帮助读者迅速进入该学科的研究前沿。

本书可作为内燃机动力工程专业研究生和高年级本科生的教材，也可作为从事内燃机设计生产以及与此相关专业人员的参考书。

图书在版编目（CIP）数据

内燃机中的流体运动/宋金瓯,吕刚,宋崇林编著.—天津: 天津大学出版社,2015.4
 ISBN 978-7-5618-5295-8

Ⅰ.①内⋯　Ⅱ.①宋⋯ ②吕⋯ ③宋⋯　Ⅲ.①内燃机.
 －流体流动　Ⅳ.①TK401

中国版本图书馆 CIP 数据核字(2015)第 078097 号

出版发行	天津大学出版社
地　址	天津市卫津路 92 号天津大学内(邮编:300072)
电　话	发行部:022-27403647
网　址	publish. tju. edu. cn
印　刷	河间市新诚印刷有限公司
经　销	全国各地新华书店
开　本	185mm×260mm
印　张	8.5
字　数	212 千
版　次	2015 年 5 月第 1 版
印　次	2015 年 5 月第 1 次
定　价	19.00 元

前　　言

　　本书是根据天津大学动力机械及工程专业硕士研究生"内燃机中的流体运动"讲义,经过多年研究生教学实践,在内容不断更新和完善的基础上编撰而成的。本书总结了近20年来内燃机进排气系统流动、缸内流动及燃油喷射方面的研究成果,并试图以流体力学理论为基础,实现体系的系统性。内燃机研究领域一直十分活跃,新概念、新理论和新方法不断涌现,研究文献"汗牛充栋"。本书力求以有限的篇幅来反映当前国内外内燃机流体运动领域的研究成就和全貌,试图把值得关注的新成果介绍给读者,帮助读者了解和掌握该领域的最新成就和发展方向,尽快进入该学科的研究前沿。

　　全书共分4章,第1章主要介绍了内燃机的特点及其与其他形式热机的区别和关系;第2章以一维非定常流体理论为基础分析了进排气系统中的气流运动,主要讲述了进气管道压力波动对充气效率的影响,排气能的利用及后处理系统内的流动不均匀性等方面内容;第3章介绍了湍流的基本概念、理论以及内燃机缸内流动数值模型的研究现状,分析了内燃机缸内流动的演变过程及燃烧室结构形状对缸内流动的影响规律;第4章主要介绍了现代内燃机燃油喷射理论,内容涉及高压油管内水击现象、喷孔内空化现象以及初次雾化和二次雾化机理,讨论了喷雾强化措施及雾场发展的描述方法,并简要分析了现代内燃机缸内混合气制备的基本要求。总体来说,本书较系统地总结了迄今为止前人在该学科领域的成果与经验,也反映了编者的研究成果和体会。

　　天津大学内燃机燃烧学国家重点实验室王天友教授审阅了全书并提出了大量宝贵意见,作者谨致热忱谢意。研究生马鹏、陈朝旭、俞瑶、陈科、张许扬在资料收集、文字整理和图形制作方面做了大量工作,在此一并表示感谢。

　　本书得到了天津大学研究生院"研究生创新人才培养项目"(YCX12030)和国家自然科学基金项目(51276126)的资助。在此,谨向上述部门表示诚挚的谢意。

　　限于作者知识范围和水平,书中错误和疏漏在所难免,诚恳期望同行专家学者和广大读者提出宝贵意见。

编著者

2014 年 11 月于天津大学

目　　录

第 1 章　热机循环概述

凡是利用热能产生动力的机械都可称为热机（Heat Engine），热机又分内燃机与外燃机。如果燃料在热机内部燃烧产生热能并转变为机械动力，这个热机就称为内燃机（Internal Combustion Engine，ICE），如汽油机（Gasoline Engine）、柴油机（Diesel Engine）、燃气涡轮机（Gas Turbine Engine）、喷射发动机（Jet Engine）等，内燃机都是由燃气直接做功；如果燃料在热机外部燃烧，燃气不作为做功介质，这个热机就称为外燃机（External Combustion Engine，ECE），如蒸汽机（Steam Engine）、蒸汽涡轮机（汽轮机）（Steam Turbine Engine）、斯特林发动机（Stirling Engine）等。

1.1　外燃机热力循环

外燃机燃料广泛，可使用各种固体、液体、气体燃料及核燃料，可使用劣质煤，还可利用太阳能和地热等能源，但它的热效率低，此外还需要配备笨重的锅炉（如蒸汽机、汽轮机），故常用于固定且大功率输出场合，如发电厂。蒸汽机和汽轮机工作原理如图 1-1 和图 1-2 所示，机外燃料燃烧加热锅炉中的水产生蒸汽，蒸汽推动活塞（蒸汽机）或涡轮（汽轮机）运动。图 1-1 所示的蒸汽机有一个可左右滑动的滑动阀，蒸汽首先由左方 A 口进入汽缸左端，推动活塞向右运动，同时滑动阀向左移动封住 A 口，蒸汽转由右方 B 口进入汽缸右端，推动活塞向左运动，活塞往复运动经连杆和曲轴转换成旋转运动。蒸汽机在工业革命期间广泛用于工厂及机车。图 1-2 所示的汽轮机利用蒸汽（如核能发电厂利用核能将水加热成蒸汽）推动涡轮叶片，引起涡轮旋转并输出功率（如带动发电机发电）。小功率（如单机功率 400 kW 以上）情况下，蒸汽机热效率高于汽轮机。在需要变速和逆向运转条件下，蒸汽机也优于汽轮机，但逊于内燃机。

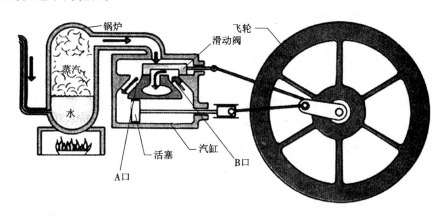

图 1-1　蒸汽机工作原理图

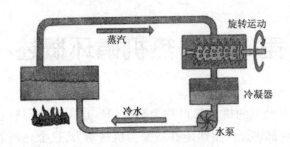

图1-2 汽轮机工作原理图

蒸汽动力装置以水蒸气作为工作介质(简称工质)的卡诺循环(Carnot Cycle)(图1-3)在实际应用中存在以下不足:汽水混合物压缩过程 c—5 耗功过大且对压缩机不利,难以实现;Carnot 循环的热效率 $\eta_t = 1 - T_2/T_1$,由于 Carnot 循环局限于饱和区,上限温度受限于水的临界温度(374 ℃),温差较小,效率低;做功冲程末期(接近 2 点)水分过多,不利于动力装置做功。

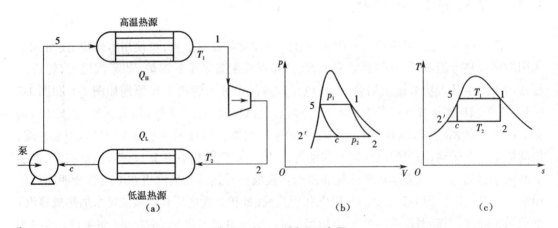

图1-3 Carnot 循环示意图

(a)循环工作原理 (b)循环 $p - V$ 图 (c)循环 $T - s$ 图

英国科学家 W. J. M. Rankine(1820—1872 年)对汽轮机进行了以下改进:将汽轮机出口的低压湿蒸汽完全凝结为水,用水泵来完成压缩过程;为提高循环热效率,采用过热蒸汽作为汽轮机的进口蒸汽,以提高平均吸热温度(过热蒸汽温度可高于水的临界温度),此即朗肯循环(Rankine Cycle)。一切以水蒸气作为工质的动力循环都以 Rankine 循环为基础。理想 Rankine 循环如图 1-4 所示,过程 1—2 为汽轮机中绝热膨胀,过程 2—3 为冷凝器中定压冷凝,过程 3—4 为给水泵中绝热压缩,过程 4—5—6 为锅炉中定压加热,过程 6—1 为过热器中定压加热。理想 Rankine 循环热效率可近似表示为

$$\eta_t \approx \frac{h_1 - h_2}{h_1 - h_3}$$

另外一种外燃机热力循环是 1816 年斯特林(Stirling)提出的由两个等温过程和两个等容过程组成的闭式热力学循环,即斯特林循环(Stirling Cycle)。图 1-5 所示是采用 Stirling

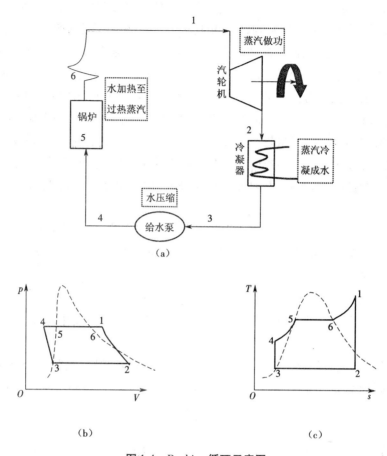

图 1-4　Rankine 循环示意图

（a）循环工作原理　（b）循环 $p-V$ 图　（c）循环 $T-s$ 图

循环的一台制冷机示意图以及制冷机 Stirling 循环工作示意图。

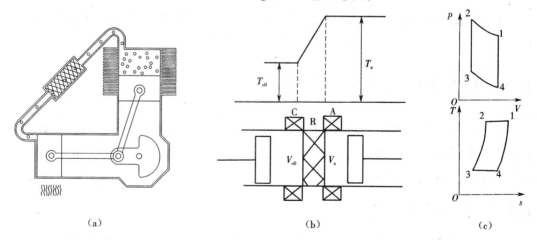

图 1-5　制冷机及其 Stirling 循环示意图

（a）结构示意图　（b）活塞运动示意图　（c）压容图与温熵图

制冷机由回热器 R、冷却器 A、冷量换热器 C 及两个汽缸和两个活塞组成。左面为膨胀活塞,右面为压缩活塞。两个汽缸与活塞形成两个工作腔,即冷腔(膨胀腔)V_{c0} 和室温(压缩)腔 V_a,由回热器 R 连通,两个活塞作折线式间断运动。假设在稳定工况下,回热器中已经形成了温度梯度,冷腔保持温度 T_{c0},室温腔保持温度 T_a。从状态 1 开始,压缩活塞和膨胀活塞均处于右止点。汽缸内有一定量的气体,压力为 p_1,容积为 V_1,循环所经历的过程如下。

等温压缩过程 1—2:压缩活塞向左移动,而膨胀活塞不动,气体被等温压缩,压缩热经冷却器 A 传给冷却介质(水或空气),温度保持恒值 T_a,压力升高到 p_2,容积减小到 V_2。

定容放热过程 2—3:两个活塞同时向左移动,气体的容积保持不变,直至压缩活塞到达左止点。当气体通过回热器 R 时,将热量传给填料,因而温度由 T_a 降低到 T_{c0},同时压力由 p_2 降低到 p_3。

等温膨胀过程 3—4:压缩活塞停在左止点,而膨胀活塞继续向左移动直至左止点,温度为 T_{c0} 的气体进行等温膨胀,通过冷量换热器 C 从低温热源(冷却对象)吸收一定的热量 Q_{c0}(制冷量),容积增大到 V_4,而压力降低到 p_4。

定容吸热过程 4—1:两个活塞同时向右移动直至右止点,气体容积保持不变,即 $V_1 = V_4$,回复到起始位置,当温度为 T_{c0} 的气体流经回热器 R 时从填料吸热,温度升高到 T_1,同时压力增加到 p_1。

4—1 过程气体吸收的热量等于 2—3 过程气体所放出的热量。制冷机 Stirling 循环的理想热力学效率与 Carnot 逆循环热力学效率相同,即

$$\eta_t \approx \frac{T_{c0}}{T_a - T_{c0}}$$

Stirling 发动机通过工质在冷热环境转换时的热胀冷缩做功,其工作过程是 Stirling 制冷机工作过程的逆循环,热效率与 Carnot 循环相同,即

$$\eta_t \approx \frac{T_{\min}}{T_{\max}}$$

在相同温度范围内,与 Carnot 循环有相同热效率的一类理想循环常称为概括性卡诺循环。Stirling 循环是实际中可实现的概括性 Carnot 循环,热效率可达 40%。

1.2 内燃机热力循环

外燃机循环是闭式循环,而内燃机循环是开式循环。为简便起见,对内燃机循环的分析仍采用理想化的闭式循环。根据运转形式不同,内燃机可分为往复式(如柴油机、汽油机)、回转式(如燃气轮机)和喷射式。

1.2.1 喷射式发动机

喷射式发动机根据牛顿第三定律利用大量高速空气排出时的反推力作为动力,又可分为冲压喷射发动机、脉冲喷射发动机、火箭发动机和涡轮喷射发动机。冲压喷射发动机(Rem Jet Engine)为一空气热动力导管(aero-thermodynamic-duct),启动时由外加动力使其

达到工作速度,这时从前端进口冲入的空气在燃烧室与燃料燃烧,温度、压力提高后,经后端出口喷出,从而为发动机提供动力。只有在超声速运行条件下,冲压喷射发动机才有优势,它通常作为火箭、靶机或导弹的巡航动力来源,不适合一般飞机使用。脉冲喷射发动机(Pulse Jet Engine)为一空气动力导管(aerodynamic duct),但在导管前端进口设有弹簧控制的进气阀,进气阀开启,空气进入燃烧室与喷入的燃油燃烧,此时因压力增加使前端进气阀关闭,燃气自后端喷嘴喷出为发动机提供推力,同时因压力减小使前端进气阀重新开启,又进行下一次进气,如此周而复始。脉冲喷射发动机可以自启动,但耗油量大,常用于模型飞机。火箭发动机(Rock Engine)不使用大气作为助燃气体以及推进气流,而是使用自身携带的液态或固态燃料燃烧产生推进气流,所以可以在地球大气层外工作。

图1-6所示为涡轮喷射发动机示意图。当它以一定飞行速度前进时,空气就以相同的速度进入喷气发动机。高速空气流首先在发动机前端的扩压管中降低流速提高压力,然后进入压气机,在其中经绝热压缩进一步提高压力。压缩后的空气在燃烧室中和喷入的燃料一起进行定压燃烧。燃烧产生的高温燃气首先在燃气轮机中绝热膨胀产生轴功用于带动压气机,然后进入尾部喷管中并在其中继续膨胀获得高速,最后从尾部喷向大气。

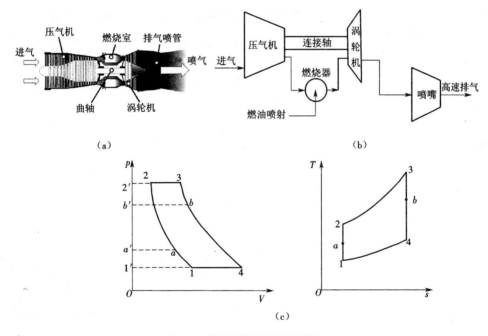

图1-6　涡轮喷射发动机示意图
(a)结构示意图　(b)工作示意图　(c)$p-V$图和$T-s$图

涡轮喷射发动机理想循环如图1-6(c)所示。其中,过程1—a为扩压管中的绝热压缩过程,过程a—2为压气机中的绝热压缩过程,过程2—3为燃烧室中的定压吸热过程,过程3—b为燃气轮机中的绝热膨胀过程,过程b—4为尾部喷管中的绝热膨胀过程,过程4—1为在大气中放热的定压放热过程。在$p-V$图上,面积1—a—a'—$1'$—1代表压气机所消耗的轴功,面积3—b—b'—$2'$—2—3代表燃气轮机所输出的轴功,按喷射发动机的工作原理,两轴功的数值相等,故两面积相等。

若忽略压气机、燃烧室和涡轮进出口气体速度的变化,认为发动机内部各截面速度基本相等,涡轮喷射发动机循环功可表示为

$$W_0 = \frac{1}{2}(c_{f5}^2 - c_{f0}^2)$$

其中,c_{f5}为尾部喷管喷出气流速度,c_{f0}为飞机速度。

循环功并不能完全用于推动飞机前进,由功的定义可知只有飞机受到的推力与飞机速度之积才是飞机所获得的推力功,即

$$W_p = (c_{f5} - c_{f0}) c_{f0}$$

飞机获得的推力功与发动机输出的循环功之比称为推进效率,即

$$\eta_t = \frac{W_p}{W_0} = \frac{2}{c_{f5}/c_{f0} + 1}$$

1.2.2　燃气轮机

燃气轮机是一种利用燃油燃烧产生的高温气体混合物直接推动燃气涡轮产生旋转运动的动力机械。它的单机功率可达 280 MW,功率密度(power to weight ratio)在所有发动机中最大。燃气轮机是一个由多个部件组成的装置或系统,其压缩、燃烧和膨胀做功分别在压气机、燃烧室、燃气涡轮三个不同部件中进行,如图 1-7 所示。因其直接利用燃气做功,所以它归属于内燃式热机。燃气轮机理想热力循环是 Brayton 循环,由等熵压缩、等压加热、等熵膨胀和等压放热四个过程组成,其循环热效率

$$\eta_t = 1 - \frac{1}{(p_2/p_1)^{(\kappa-1)/\kappa}}$$

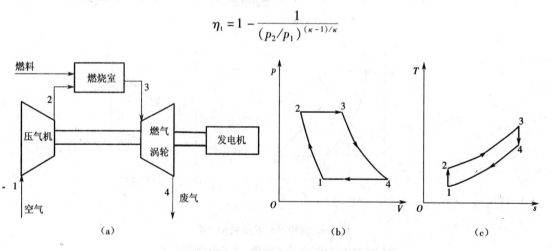

图 1-7　燃气轮机工作循环

(a)工作示意图　(b)循环 $p - V$ 图　(c)循环 $T - s$ 图

燃气轮机的进气压缩可由自由活塞发动机完成,由此形成自由活塞式燃气轮机装置。自由活塞发动机可以燃用价格低廉且不易挥发的燃油,压缩比可达 50∶1,工作热效率高。如图 1-8(a)所示,当自由活塞发动机气缸内的气体燃烧后进行膨胀时,推动两活塞分别向两端外移,并压缩两端气垫气缸 7 内的空气,将发动机所输出的全部有效功储存在空气中;

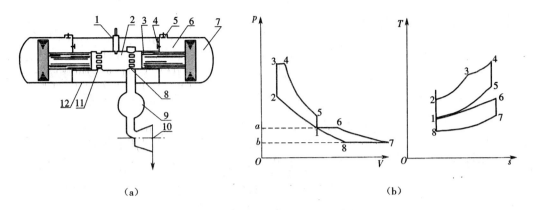

图 1-8　自由活塞式燃气轮机示意图

（a）装置示意图　（b）循环 $p - V$ 图与 $T - s$ 图

1—喷油器；2—燃烧室；3—压气机；4—输气阀；5—进气阀；

6,7—气缸；8—排气孔；9—储气罐；10—燃气轮机；11—扫气孔；12—扫气箱

在活塞外移的过程中，随着压气机气缸 6 容积的增大，压气机通过进气阀 5 从大气中吸进空气；当活塞外移接近端部时，右边的活塞首先把气缸上的排气孔 8 打开，气缸中的高温燃气立即经排气孔流入储气罐 9，接着左边的活塞又把气缸上的扫气孔 11 打开，扫气箱 12 内压缩空气进入气缸，把残留在气缸中的燃气驱入燃气储气罐 9，并使气缸内充满新鲜的压缩空气。由于这时发动机气缸内压力较低，因而在两端气垫气缸内高压空气的推动下，活塞由两端向气缸中间内移。当两个活塞分别把排气孔及扫气孔关闭后，发动机气缸内的空气即在绝热条件下进行压缩。同时压气机气缸 6 内的空气也被压缩而压力升高，当其压力达到扫气箱内压力时，输气阀 4 打开，压缩空气在活塞推动下进入扫气箱 12。当两个活塞移动到接近中间位置时，由喷油器 1 把燃料喷入发动机气缸中进行燃烧。燃烧结束后就又开始膨胀过程，进行新的工作循环。储气罐 9 中的高温高压燃气不断进入燃气轮机 10，在其中绝热膨胀推动叶轮输出轴功。由于自由活塞发动机中燃气膨胀所做的功全部通过活塞用于压气机的压缩，所以燃气轮机所输出的功也就是整个装置唯一对外输出的功。

　　自由活塞式燃气轮机装置的理想循环如图 1-8（b）所示，1—2—3—4—5—1 为自由活塞发动机气缸中工质所完成的混合加热循环，1—6 为定压下向储气罐充气的过程，6—7 为燃气在燃气轮机中的绝热膨胀过程，7—8 为废气在大气中的定压放热过程，8—1 则为空气在压气机气缸中的绝热压缩过程。根据自由活塞发动机中的能量平衡，压气机消耗的轴功等于自由活塞发动机的循环净功，所以 $p - V$ 图上循环 1—2—3—4—5—1 的面积应和压气机压气过程 8—1 左侧面积 8—1—a—b—8 相等。而整个装置输出的功，也就是燃气轮机输出的轴功，可用燃气轮机中绝热膨胀过程 6—7 左侧的面积 6—7—b—a—6 表示。自由活塞式燃气轮机装置理想闭式循环的热效率

$$\eta_t = 1 - \frac{\lambda \gamma^\kappa - 1}{\varepsilon_{总}^{\kappa-1} \left[(\lambda - 1) + \lambda \kappa (\gamma - 1) \right]}$$

其中，$\gamma = V_4/V_3$，$\lambda = p_3/p_2$，$\kappa = c_p/c_V$，$\varepsilon_{总}$ 为自由活塞式燃气轮机装置总压缩比。

1.2.3 往复活塞式内燃机

往复活塞式内燃机对燃料要求高,不能直接燃用劣质液体燃料和固体燃料。由于往复运动速度的限制和制造上的困难,往复活塞式内燃机转速不高,单机功率较低,内燃机低速运转时输出扭矩下降较多,故在许多场合需设置离合器和变速机构,系统复杂。

四冲程往复活塞式内燃机工作过程如图1-9所示,其中0—1为大气压力下的定压进气过程(活塞从上止点运行到下止点),1—2为绝热压缩过程(活塞从下止点向上运动),2—3为定容燃烧过程(3为活塞运行的上止点),3—4为定压燃烧过程(活塞从上止点向下运动),4—5为绝热膨胀过程,5—1为定容下气缸排气而气缸中压力下降的过程(1为活塞运行的下止点),1—0为在大气压力下的定压排气过程(活塞从下止点运行到上止点),从而完成一个工作循环。

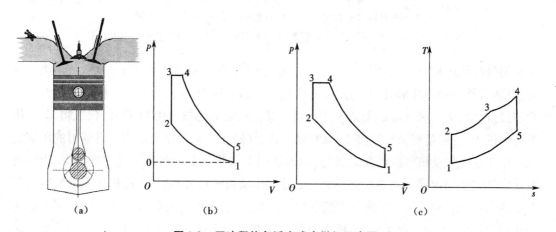

图1-9 四冲程往复活塞式内燃机示意图

(a)结构简图 (b)循环示意图 (c)Sabathé 循环 $p-V$ 图和 $T-s$ 图

根据活塞式内燃机的工作过程,就可确定相应的理想热力循环,如图1-9(c)所示。由于定压进气过程0—1与定压排气过程1—0的功量相互抵消而对整个循环没有影响,因此在对热力循环进行分析时可不考虑这两个过程。该循环称为混合加热循环,也称萨巴特循环(Sabathé Cycle)。理想闭式 Sabathé 循环由五个可逆过程组成:绝热压缩过程1—2、定容加热过程2—3、定压加热过程3—4、绝热膨胀过程4—5及定容放热过程5—1。循环热效率

$$\eta_t = 1 - \frac{\lambda\gamma^\kappa - 1}{\varepsilon^{\kappa-1}\left[(\lambda-1) + \lambda\kappa(\gamma-1)\right]}$$

其中,$\gamma = V_4/V_3$,$\lambda = p_3/p_2$,$\varepsilon = V_1/V_2$,$\kappa = c_p/c_V$。

点燃式内燃机缸内可燃混合气在压缩接近终了时被点燃,可以认为是在定容下完成全部燃烧过程,如图1-10所示。定容加热循环(Otto Cycle)可以看作是 Sabathé 循环 $\gamma = 1$ 时的一个特例;循环热效率

$$\eta_t = 1 - \frac{1}{\varepsilon^{\kappa-1}}$$

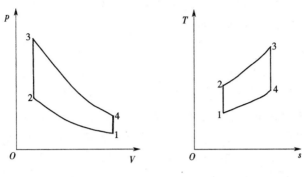

图 1-10 Otto 循环 $p-V$ 图和 $T-s$ 图

有些增压柴油机及汽车用高速柴油机的燃烧过程,主要在活塞离开上止点后的一段行程中进行,可以认为是一个定压燃烧过程,如图 1-11 所示。定压加热循环(Diesel Cycle)可以看作是 Sabathé 循环 $\lambda=1$ 时的一个特例,循环热效率

$$\eta_t = 1 - \frac{\gamma^\kappa - 1}{\varepsilon^{\kappa-1}\kappa(\gamma-1)}$$

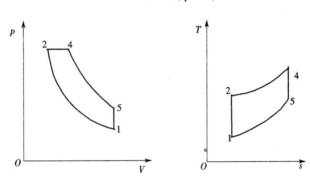

图 1-11 Diesel 循环 $p-V$ 图和 $T-s$ 图

初始状态和压缩比相同时,Otto 循环的热效率最高,Diesel 循环的热效率最低。对于高增压柴油机,因受机件强度的限制,必须控制其最高压力及最高温度。在相同初始状态和最高温度及最高压力条件下,Diesel 循环的热效率最高,Otto 循环的热效率最低。在这两种情况下,Sabathé 循环热效率均处于中间。

1.3 本书讨论内容

本书重点讨论往复活塞式内燃机中的流体流动问题。往复活塞式内燃机热效率高,数值上远远超过任何其他形式的原动机。绝大多数汽车、铁路机车、船舶、轻型飞机以及一些电站等都采用往复活塞式内燃机。它们的形式多种多样,排量从几毫升的航空模型用单缸机到每缸排量达几立方米的船用机,功率从 100 W 左右到上万千瓦。与稳定吸气、连续燃烧的旋转式发动机(燃气轮机)不同,往复式发动机因为往复运动而产生振动,所以人们设计了没有固有振动的断续做功的转子(Wankel)发动机。Wankel 发动机的结构与往复式内燃机不同,但工作循环的基本过程仍与往复式发动机相同。往复式内燃机的理论同样适用于 Wankel 发动机或其他形式的断续做功的发动机。

凡是用空气氧化燃料的发动机,其输出的功率归根到底取决于空气吸入、空气与燃料混合以及排气流出的速率。燃料燃烧发出的部分能量必须用来吸进空气和排出已燃气体。这部分能量越多,发动机输出的能量越少。此外,排气也含有能量,且一般直接排出气缸,如果能充分利用排气能量,也可提高有用功输出以及发动机效率。往复式内燃机工作过程是断续的,每个气缸"吸一口气",使燃料在其中燃烧,然后排出燃烧产物,再吸"下一口气",因而流出、流入发动机的气流是脉动的。脉动气流带有能量,对此需要了解、分析和利用。否则,脉动能量有可能阻挠充量流动,降低发动机输出功率和效率。因此,需要设计良好的进排气系统。此外,进排气系统还有很多附属装置,例如在进排气系统中采用消声器抑制噪声(噪声是气流脉动的另一种表现形式);安装空气滤清器过滤吸入的空气,以排除对发动机摩擦表面有害的灰尘;安装排气后处理装置消除排气中许多对环境有害的物质。第 2 章将在分析管道系统气流脉动的基础上,对上述问题进行讨论。

按点火方式不同,往复式内燃机可分为压燃式和点火式两类。这两类发动机在混合气形成及燃烧方面存在着明显差别,因而对缸内气流运动的作用也有不同的要求。点火式发动机,混合气在点燃前已经形成,缸内气流运动对混合气形成和混合气燃烧分别进行作用。而压燃式发动机,部分混合气形成之后就开始燃烧,缸内气流运动对缸内混合气的形成和燃烧同时进行作用,此外缸内流动还影响传热以及产生流动损失。通常采用在缸内组织强大涡流、滚流或挤流的方式,来强化流动的影响。滚流、涡流需要在进气过程中产生,并会引起附加能量消耗,涡流或滚流越强,能量消耗越大;进气机构结构过于流线型,附加能量耗散减少,但涡流强度可能降低,燃烧缓慢或不完全,输出功率下降。挤流和滚流主要与活塞凹坑性状、缸盖形状有关。此外,缸内气流运动还随活塞运动而不断发展变化。这些内容将在第 3 章中讨论。

对于直喷发动机,燃油沿高压油管输送到喷油器,通过喷油器小孔射入燃烧室进行雾化和燃烧。由高压油泵、高压油管和喷油器组成的燃油供给系统决定着每个工作循环的供油量、供油时间和供油规律。液态燃油喷入燃烧室后,形成一个由液柱、油滴、油蒸气和空气组成的喷雾场,它的发展变化取决于燃油供给系统以及燃烧室内的流场。内燃机缸内喷雾场在动力学和热力学上都是瞬变而又极不均匀的,并且对燃烧过程存在直接影响。第 4 章将主要讨论燃油输送过程及喷射与雾化的基本概念和基本理论,并附带介绍发动机内可燃混合气的形成过程。

四冲程发动机依靠活塞的强制作用完成新鲜空气充量的吸入和燃烧产物的排出,而且这些过程占总循环时间的一半以上。虽然排气结束,气缸内通常有残余气体,但要得到足够大的新鲜空气充量与残余气体之比,没有多大困难。二冲程发动机换气过程占总循环时间的很小一部分,换气过程发生在活塞处于外止点附近处,这时进排气口都开着,活塞运动对换气过程影响很小。换气过程依赖进气流的流向以及所供给的空气状态,所以一般二冲程发动机的换气过程又称扫气过程。由于二冲程发动机的扫气过程的特殊性,本书对这一问题不予讨论。

　　这里主要讨论内燃机中的流体流动问题,离开数学,论述将会变得冗长、繁杂。但作为以应用为主的工程技术工作者,又要求尽量避免涉及太多、太深的数学知识。另外,当前计算技术的发展,使得一些复杂的数学问题都可应用专用软件来处理。所以,本书正文尽量设法减少数学推导,并避免论述数学方程的求解过程,把重点放在分析各个因素在方程中的意义及作用上,帮助读者了解有关因素对性能的影响趋势,以便在利用计算软件进行分析设计时,对计算结果进行初步判断。

参考文献

[1]沈维道,郑佩芝,蒋淡安. 工程热力学[M]. 北京:高等教育出版社,1983.

[2]W. J. D. 安南德,G. E. 罗埃. 内燃机中的气体流动:动力、特性、环境污染管理与消减噪声[M]. 王景祜,徐守义,译. 北京:中国农业机械出版社,1981.

[3]A. S. 坎贝尔. 燃烧发动机热力学分析[M]. 葛贤康, 张正举, 曾利权,译. 北京:中国农业机械出版社,1983.

[4]陈大燮. 动力循环分析[M]. 上海:上海科学技术出版社,1981.

第 2 章　进排气系统中的气流运动

2.1　热力学基本概念

　　求解气体流动问题,就是在一定初始条件与边界条件下,求出流体质点的压力 p、比容 τ、温度 T 以及运动速度 u 与时间 t 和位置 (x,y,z) 的函数关系。所以,研究流体运动问题就是研究流体每个质点在任一时刻、任一位置的运动学状态和热力学状态。

2.1.1　流体状态的变化过程

　　在流体流动过程中,如果流体的每个质点的密度 ρ(或比容 τ)不变,则称其为不可压缩流体,否则就称为可压缩流体。对不可压缩流体,有

$$\frac{\mathrm{d}\rho}{\mathrm{d}t}=0$$

由于 $\frac{\mathrm{d}\rho}{\mathrm{d}t}=\frac{\partial\rho}{\partial t}+u\frac{\partial\rho}{\partial x}+v\frac{\partial\rho}{\partial y}+w\frac{\partial\rho}{\partial z}$,所以对不可压缩流体,空间点的流体密度是可以随时间变化的,并且同一时刻空间点的密度也可以不同。

　　在流体流动过程中,如果每个空间点上流体的物理量不随时间变化,即

$$\frac{\partial}{\partial t}=0$$

则该运动称为定常流动,否则就称为不定常流动。

　　在流体流动过程中,若考虑流体质点间的摩擦,则称流体为粘性流体;若不考虑流体质点间的摩擦,则称流体为无粘流体或理想流体。

　　当系统完成某一过程之后,如果有可能使工质沿相同的路径逆行而回复到原来状态,并使相互作用中所涉及的外界亦回复到原来状态而不留下任何改变,则这个过程称为可逆过程。可逆过程的特点是静态(状态变化时变化速率为零)、平衡(与外界在等温情况下进行热交换,在力平衡状态下进行容积变化的功量交换)和无耗散(无任何摩擦)。只有可逆过程才可以在坐标图中用连续曲线表示以及利用热力学方法进行分析。

　　如果系统在状态变化的任一微元过程中,工质与外界都不发生热量交换,那么这个过程就称为绝热过程。在绝热过程中,系统质点之间可以存在热交换。绝对隔热的物质并不存在,理想的绝热过程并不能实现。对于一个实际过程,如果它变化很快,工质来不及与外界进行热交换,可以近似为绝热过程。这样的绝热过程是不可逆过程。

2.1.2　热力学定律

　　热力学第一定律可以表述为流体内能的增加等于从外界吸收的热量 $\mathrm{d}q$ 与外界对流体

所做功 dw 之和。即

$$de = dq + dw$$

单位质量的物体,温度升高 1 K 所需的热量称为该物质的比热 c,即

$$c = dq/dT$$

热量不是状态参数,它与变化过程有关,因此比热也与变化过程有关。定容过程的比热称为定容比热 c_τ,定压过程的比热称为定压比热 c_p。

对于定容过程,热力学第一定律可以表示为

$$de = dq = c_\tau dT$$

定压比热与定容比热之比称为比热比 κ,即

$$\kappa = c_p/c_\tau$$

比热和比热比都是常数的气体称为常比热气体。符合状态方程 $p\tau = RT$(R 为气体状态常数,$R = 8.314$ J/(mol·K))的气体称为完全气体。

可逆过程没有耗散功,容积变化可以在 $p - \tau$ 图上用一条连续曲线表示,所以可逆过程与外界的功量交换可表示为

$$dw = -pd\tau$$

因此

$$de = dq - pd\tau$$

常比热完全气体经过一个可逆循环,克劳修斯积分 $\oint \dfrac{dq}{T}$ 为零,即

$$\oint \frac{dq}{T} = \oint \frac{de + pd\tau}{T} = \oint \frac{R}{p\tau}\left\{\frac{c_\tau}{R}d(p\tau) + pd\tau\right\} = \oint \left\{c_\tau \frac{d(p\tau)}{p\tau} + R\frac{d\tau}{\tau}\right\} = c_\tau \oint d\ln p\tau^\kappa = 0$$

由此可见,$\dfrac{dq}{T}$ 是全微分,所以它是状态函数,与过程无关。因此,当流体热力学状态由 P_0 变到 P 时,定义一个状态函数熵 s,有

$$s - s_0 = \int_{P_0}^{P} \frac{dq}{T}$$

采用熵的概念表述的热力学第二定律为

$$\oint \frac{dq}{T} \leq 0$$

现在考虑一个任意不可逆过程,使流体从初始状态 P_0 变到最终状态 P;又假设一个任意可逆过程,使流体从最终状态 P 变到初始状态 P_0。对于这一不可逆循环,有

$$\int_{P_0}^{P}{}^* \frac{dq}{T} + \int_{P}^{P_0} \frac{dq}{T} < 0 \quad (\text{有 * 号的积分对应不可逆过程})$$

$$\int_{P_0}^{P}{}^* \frac{dq}{T} < -\int_{P}^{P_0} \frac{dq}{T}$$

对于可逆过程,有

$$s - s_0 = \int_{P_0}^{P} \frac{dq}{T} = -\int_{P}^{P_0} \frac{dq}{T}$$

所以

$$s - s_0 > \int_{P_0}^{P*} \frac{\mathrm{d}q}{T}$$

即对于初终态是平衡态的不可逆过程,熵的变化大于不可逆过程中对工质加入的热量与热源温度比值的积分。

对于绝热过程,$\mathrm{d}q = 0$,所以有

$$s - s_0 \geqslant 0$$

可逆绝热过程是定熵过程,而不可逆绝热过程熵必然增加,这就是熵增加原理。不可逆绝热过程中工质的一部分机械能转变成热能加热工质,不可逆绝热过程的终态如用可逆过程来实现,必定是可逆的加热过程,熵必然增加。不可逆过程的过程功不能在 $p-\tau$ 图上表示,过程热量也不能在 $T-s$ 图上表示。可逆过程的热力学第一定律可根据熵的定义写成

$$T\mathrm{d}s = \mathrm{d}e + p\mathrm{d}\tau = \mathrm{d}e + \frac{RT}{\tau}\mathrm{d}\tau$$

$$\frac{\mathrm{d}e}{T} = \mathrm{d}s - \frac{R\mathrm{d}\tau}{\tau}$$

对于常比热完全气体,内能表示为 $e = c_\tau T$,因此有

$$c_\tau \frac{\mathrm{d}T}{T} + \frac{R\mathrm{d}\tau}{\tau} = \mathrm{d}s$$

$$\mathrm{d}s = \mathrm{d}\ln T^{c_\tau}\tau^R = c_\tau \mathrm{d}\ln \frac{p\tau^\kappa}{R}$$

积分得气体等熵关系式

$$p = A(s)\rho^\kappa$$

参数压力 p、比容 τ、密度 ρ、温度 T、内能 e 与熵 s,都可以用来描述流体热力学状态。此外,描述流体热力学状态的参数还有焓($i = e + \tau p$)、自由能($F = e - Ts$)以及热力学位势(或称为 Gibbs 函数,$G = i - Ts$)。这些参数不是完全独立的,其中只有两个独立变量,而其他参数都可以用这两个变量来决定。假如已知流体的压力和密度,则其他参数都可以由 p、ρ 来决定,并且对于 p、ρ 的函数关系也就确定了。这些函数关系也不是完全独立的,它们之间有一定的联系。这些函数关系与独立变量的选取有关。

对于无粘完全气体,内能、定压比热、定容比热、比热比以及焓 i、声速 a 都只是温度的函数,并且 $c_p - c_\tau = R$。

对于常比热完全气体,还存在以下简单形式的重要关系式:

$$e = \frac{p\tau}{\kappa - 1} \quad a^2 = \frac{\kappa p}{\rho} = \kappa p\tau = \kappa RT \quad i = \frac{a^2}{\kappa - 1} = \frac{\kappa R\tau}{\kappa - 1}$$

2.2　流体力学方程

流体热力学状态参数只有 2 个独立参数,而运动学状态参数只有 1 个独立参数——速度,因此只要有 3 个参数就可以对流体运动进行描述。要求解这 3 个参数,需要列出关于这

3 个参数的方程组。这样的方程组称为流体力学方程组,它是根据流体运动的 3 个守恒定律——质量守恒定律、动量守恒定律和能量守恒定律得到的。

2.2.1　质量守恒方程

在变截面、有管壁摩擦和传热的条件下,流体流过管内控制体后的参数会发生变化。以长度为 $\mathrm{d}x$ 的管段作为控制体,控制体入流截面面积为 F,入流截面位置为 x,流体密度为 ρ,流速为 u,如图 2-1 所示。在单位时间内,从 x 截面流入控制体的流体流量为 $\rho u F$,从 $x +\mathrm{d}x$ 截面流出控制体的流体流量为 $\rho u F + \dfrac{\partial(\rho u F)}{\partial x}\mathrm{d}x$;在 $\mathrm{d}t$ 时间内,控制体内流体质量的增量为 $\dfrac{\partial}{\partial t}(F\rho\mathrm{d}x)$。

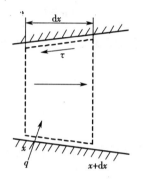

图 2-1　流体在管内控制体流动

根据质量守恒定律,有

$$\frac{\partial}{\partial t}(F\rho\mathrm{d}x) = \rho u F - \left[\rho u F + \frac{\partial(\rho u F)}{\partial x}\mathrm{d}x\right]$$

若不考虑截面变化,整理并化简,得

$$\frac{\partial \rho}{\partial t} + \rho\frac{\partial u}{\partial x} + u\frac{\partial \rho}{\partial x} = 0 \tag{2-1}$$

2.2.2　动量守恒方程

如图 2-1 所示,流体质量为 $F\rho\mathrm{d}x$,加速度为 $\dfrac{\mathrm{d}u}{\mathrm{d}t} = \dfrac{\partial u}{\partial t} + u\dfrac{\partial u}{\partial x}$;作用在控制体 x 截面上的表面力为 Fp, $x+\mathrm{d}x$ 截面上的表面力为 $-(F+\mathrm{d}F)\left(p + \dfrac{\partial p}{\partial x}\mathrm{d}x\right)$;管道壁面对控制体作用的摩擦力为 $-\tau_0\dfrac{u}{|u|}\dfrac{4F}{D}\mathrm{d}x$(管道壁面的剪切力用摩擦系数 f 来表示,即 $\tau_0 = \dfrac{1}{2}f\rho u^2$)。这样,根据牛顿第二定律得

$$\left(\frac{\partial u}{\partial t} + u\frac{\partial u}{\partial x}\right)F\rho\mathrm{d}x = Fp - (F+\mathrm{d}F)\left(p + \frac{\partial p}{\partial x}\mathrm{d}x\right) - \frac{1}{2}f\rho u^2\frac{u}{|u|}\frac{4F}{D}\mathrm{d}x$$

若不考虑截面变化,整理并简化,得

$$\frac{\partial u}{\partial t} + u \frac{\partial u}{\partial x} + \frac{1}{\rho} \frac{\partial p}{\partial x} + \frac{4f}{D} \frac{u^2}{2} \frac{u}{|u|} = 0 \tag{2-2}$$

不考虑摩擦,即 $f = 0$,则式(2-2)就变为

$$\frac{\partial u}{\partial t} + u \frac{\partial u}{\partial x} + \frac{1}{\rho} \frac{\partial p}{\partial x} = 0 \tag{2-2a}$$

对于稳定流动,$\dfrac{\partial u}{\partial t} = 0$,于是对式(2-2a)沿 x(流线)积分得到

$$\frac{u^2}{2} + \int \frac{\mathrm{d}p}{\rho} = \mathrm{cons}\,t(\text{与}\ x\ \text{无关})$$

此方程为伯努力方程,它表示流体沿流线流动时机械能守恒。对于不可压缩流体,伯努力方程变为

$$\rho \frac{u^2}{2} + p = p_a \tag{2-2b}$$

式中:p_a 为无摩擦、无传热情况下流体速度变为 0 的点上的压力,称为总压或滞止压力,所以 $\rho \dfrac{u^2}{2}$ 和 p 又分别称为动压和静压。

2.2.3　能量守恒方程

设控制体内单位时间、单位质量流体从外界获得的传热量为 q,则控制体单位时间获得的热量为 $q\rho F\mathrm{d}x$。

单位时间进入控制体 x 截面的流体携带的能量包括内能、动能以及表面力对控制体做功,即为

$$\rho u F \left(c_\tau T + \frac{p}{\rho} + \frac{u^2}{2} \right)$$

单位时间内流体流出控制体 $x + \mathrm{d}x$ 截面引起的能量变化为

$$\rho u F \left(c_\tau T + \frac{p}{\rho} + \frac{u^2}{2} \right) + \frac{\partial}{\partial x}\left[\rho u F \left(c_\tau T + \frac{p}{\rho} + \frac{u^2}{2} \right) \right]\mathrm{d}x$$

对控制体内流体,其能量增长率为

$$\frac{\partial}{\partial t}\left[\rho F \left(c_\tau T + \frac{u^2}{2} \right)\mathrm{d}x \right]$$

根据能量守恒定律,有

$$\frac{\partial}{\partial t}\left[\rho F \left(c_\tau T + \frac{u^2}{2} \right)\mathrm{d}x \right] = q\rho F\mathrm{d}x + \rho u F \left(c_\tau T + \frac{p}{\rho} + \frac{u^2}{2} \right) -$$

$$\rho u F \left(c_\tau T + \frac{p}{\rho} + \frac{u^2}{2} \right) - \frac{\partial}{\partial x}\left[\rho u F \left(c_\tau T + \frac{p}{\rho} + \frac{u^2}{2} \right) \right]\mathrm{d}x$$

若不考虑截面变化,化简得

$$\frac{\mathrm{d}}{\mathrm{d}t}\left(c_\tau T + \frac{u^2}{2} \right) = q - \frac{u}{\rho} \frac{\partial p}{\partial x} - \frac{p}{\rho} \frac{\partial u}{\partial x} \tag{2-3}$$

对式(2-3)作变换,变成含压力的方程,得

$$\frac{\partial p}{\partial t} + u \frac{\partial p}{\partial x} - a^2 \frac{\partial \rho}{\partial t} - a^2 u \frac{\partial \rho}{\partial x} = (\kappa - 1)\rho \left(q + u \frac{4f u^2}{D} \frac{u}{2} \frac{u}{|u|} \right) \tag{2-3a}$$

如果系统没有传热和摩擦,式(2-3a)就变成

$$\frac{\partial p}{\partial t} + u \frac{\partial p}{\partial x} - a^2 \frac{\partial \rho}{\partial t} - a^2 u \frac{\partial \rho}{\partial x} = 0 \tag{2-3b}$$

即

$$a^2 = \frac{\mathrm{d}p}{\mathrm{d}\rho} = \kappa RT$$

此为声速方程,所以一维不定常等熵气流的能量方程与声速方程是等价的。

热力学上称 $c_\tau T + \frac{p}{\rho} + \frac{u^2}{2} = i_a$ 为滞止焓或总焓,该参数可解释为流体在相等高度上,由内力作用绝热地趋于静止(即 u 变为零,而没有任何 q、w、重力等作用)所得到的焓。于是滞止温度可定义为 $i_a = c_p T_a$,因此

$$T_a = T \left(1 + \frac{u^2}{2 c_p T} \right)$$

将马赫数 $M = \frac{u}{a}$ 以及 $c_p T = \frac{a^2}{\kappa - 1}$ 代入上式,得

$$T_a = T \left(1 + \frac{\kappa - 1}{2} M^2 \right)$$

根据等熵关系式,可求得滞止压力

$$p_a = p \left(1 + \frac{\kappa - 1}{2} M^2 \right)^{\kappa/(\kappa - 1)}$$

在低马赫数 M 时,运用两项式定理,得

$$p_a = p \left(1 + \frac{\kappa}{2} M^2 \right)^{\kappa/(\kappa - 1)} = p + \frac{\kappa p}{2} \frac{u^2}{\kappa p / \rho} = p + \rho \frac{u^2}{2}$$

可以看到,上式与式(2-2b)相同。这说明,低马赫数流动可以当作不可压缩流动。这样,就得到描写管内一维不定常流动的基本方程组:

$$\begin{cases} \dfrac{\partial \rho}{\partial t} + \rho \dfrac{\partial u}{\partial x} + u \dfrac{\partial \rho}{\partial x} = 0 & (2\text{-}1) \\[2mm] \dfrac{\partial u}{\partial t} + u \dfrac{\partial u}{\partial x} + \dfrac{1}{\rho} \dfrac{\partial p}{\partial x} + \dfrac{4f u^2}{D} \dfrac{u}{2} \dfrac{u}{|u|} = 0 & (2\text{-}2) \\[2mm] \dfrac{\partial p}{\partial t} + u \dfrac{\partial p}{\partial x} - a^2 \dfrac{\partial \rho}{\partial t} - a^2 u \dfrac{\partial \rho}{\partial x} = (\kappa - 1)\rho \left(q + u \dfrac{4f u^2}{D} \dfrac{u}{2} \dfrac{u}{|u|} \right) & (2\text{-}3a) \end{cases}$$

2.3　声波和有限波

内燃机管道内不定常流动一般采用上节推导的一维不定常流动基本方程组描述。求解这些方程的最一般方法是特征线法。特征线指的是压力波或流体运动的轨迹。因此,要了解特征线法,需要对波的概念有所了解。

2.3.1　声波传播速度

声波又称为小扰动波,其特征是状态变化过程为等熵过程。为求解其传播速度,要分析静止管道内的气体受左端活塞扰动情况,如图 2-2 所示。将左端活塞以微小速度 $\mathrm{d}u$ 向内轻微推动,活塞的轻微推动首先压缩与活塞接触的一层流体,这层被压缩的流体再去压缩其相邻的另一层流体,这样一层层地压缩过去,就形成了一个微弱压缩波。

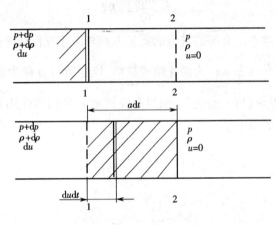

图 2-2　小扰动波的传播

假设压缩波的波阵面以速度 a 向右传播,波前气体压力、密度、速度分别为 $p,\rho,0$,波后气体压力、密度、速度分别为 $p+\mathrm{d}p,\rho+\mathrm{d}\rho,\mathrm{d}u$。在 t 时刻波阵面到达图 2-2 中 1—1 截面,经过 $\mathrm{d}t$ 时间波阵面到达 2—2 截面。现考察 t 时刻 1—1 截面和 2—2 截面之间的气体(固定质量团)组成的系统在经过 $\mathrm{d}t$ 时间之后的状态变化。对所考察的系统,t 时刻质量为 $\rho F a\mathrm{d}t$,经过 $\mathrm{d}t$ 时间后质量变为 $(\rho+\mathrm{d}\rho)F(a\mathrm{d}t-\mathrm{d}u\mathrm{d}t)$。在 $t+\mathrm{d}t$ 时刻,运用质量守恒定律,得

$$\rho F a\mathrm{d}t = (\rho+\mathrm{d}\rho)F(a\mathrm{d}t-\mathrm{d}u\mathrm{d}t) \tag{2-4}$$

运用动量守恒定律,得

$$[(p+\mathrm{d}p)F-pF]\mathrm{d}t = \rho F a\mathrm{d}t \cdot \mathrm{d}u \tag{2-5}$$

联立方程式(2-4)和式(2-5),消去 $\mathrm{d}u$,得

$$a^2 = \frac{\rho+\mathrm{d}\rho}{\rho}\frac{\mathrm{d}p}{\mathrm{d}\rho}$$

由于是小扰动,$\mathrm{d}\rho \ll \rho$,所以

$$a^2 = \frac{\mathrm{d}p}{\mathrm{d}\rho}$$

此为声速公式,亦称小扰动波传播速度公式。小扰动波即声波扫过气体时,气体状态变化过程快,变化程度小,所以是一个等熵过程。因此

$$a = \sqrt{\left(\frac{\mathrm{d}p}{\mathrm{d}\rho}\right)_s} = \sqrt{\frac{\kappa p}{\rho}} = \sqrt{\kappa R T} \tag{2-6}$$

2.3.2　声波方程

上面讨论得到了声波(气体压力)的传播速度,至于气体(波传播介质)的运动速度则需要求解方程式(2-1)和式(2-2a)。对于小扰动波,气体运动速度是一个微量,这样方程式(2-1)和式(2-2a)变为

$$\frac{\partial \rho}{\partial t} + \rho \frac{\partial u}{\partial x} = 0 \tag{2-7}$$

$$\frac{\partial u}{\partial t} + \frac{1}{\rho} \frac{\partial p}{\partial x} = 0 \tag{2-8}$$

利用等熵过程中 ρ 与 p 的关系,联立方程式(2-7)和式(2-8),解得

$$\frac{\partial^2 u}{\partial t^2} = a^2 \frac{\partial^2 u}{\partial x^2}$$

此即典型的声波波动方程。在数学物理方法中已经证明(或直接代入证明),以 $(x + at)$、$(x - at)$ 为自变量的任何周期函数都是方程的解,例如

$$u = u_0 \sin\left[\frac{2\pi f}{a}(x \pm at)\right] = u_0 \sin 2\pi\left(\frac{fx}{a} \pm ft\right)$$

其中,u_0 为常数,给定介质正弦波的振幅;固定 x,时间增加一个量值 $1/f$,上述正弦函数中的角度增加 2π,相当于正弦波走过一个周期,所以 f 为频率,f 的倒数称为周期;在 t 一定时,每当 x 增加 a/f,波动也前进 2π,这个 a/f 称为波长。

在 x 固定的图形中,$1/f$ 为两个相邻波峰(或波谷)之间的距离;在 t 固定的图形中,a/f 为两个相邻波峰(或波谷)之间的距离。

u 通过合成量 $x \pm at$ 而依赖于 x 和 t。对于同一个 u,必定有一个不变的 $x \pm at$。设 $x \pm at = x_0$,或 $x = x_0 \mu at$。a 具有速度量纲,将特定的 u 的移动速度看作波的移动速度,所以 a 称为波动速度,$x = x_0 + at$ 和 $x = x_0 - at$ 意味着小扰动波作正向和负向运动,x_0 代表这个特定的 u。

2.3.3　有限波

声波通过气体时,由于振幅很小,气体质点只在其平衡位置作微小振动,并不发生位移。乐器发出的声音以及听者不过分接近发动机排气口所听到的汽车排气声都属于声波。发动机管道内的大振幅波不同于声波,称为有限波。有限波通过气体时,气体发生明显的位移。排气门突然开启,压力波以波动速度在管道传播时,气体也在管道内发生流动。为了描述这种情况,需要求解式(2-1)、式(2-2)、式(2-3a)组成的方程组。为了增加对有限波的感性认识,这里求解式(2-1)、式(2-2a)、式(2-3b)组成的理想有限波方程组,得出解析解。

由式(2-3b) + $a^2 \times$ 式(2-1) + $a \times$ 式(2-2a)得

$$\left[\frac{\partial p}{\partial t} + (u+a)\frac{\partial p}{\partial x}\right] + \rho a\left[\frac{\partial u}{\partial t} + (u+a)\frac{\partial u}{\partial x}\right] = 0 \tag{2-9}$$

由式(2-3b) + $a^2 \times$ 式(2-1) $- a \times$ 式(2-2a)得

$$\left[\frac{\partial p}{\partial t} + (u-a)\frac{\partial p}{\partial x}\right] - \rho a\left[\frac{\partial u}{\partial t} + (u-a)\frac{\partial u}{\partial x}\right] = 0 \tag{2-10}$$

这样,沿曲线 $\dfrac{\mathrm{d}x}{\mathrm{d}t} = u \pm a$,式(2-9)和式(2-10)变为常微分方程,即

$$\frac{\mathrm{d}p}{\mathrm{d}t} \pm \rho a\,\frac{\mathrm{d}u}{\mathrm{d}t} = 0 \tag{2-11a}$$

应用关系式 $a = a_0\,(p/p_0)^{\frac{\kappa-1}{2\kappa}}$,$p = \rho RT$ 以及 $a^2 = \kappa RT$ 对常微分方程式(2-11a)进行变换,得

$$\mathrm{d}u = \pm\frac{2}{\kappa-1}\mathrm{d}a \tag{2-11b}$$

解此常微分方程,得

$$u = \pm\frac{2a_0}{\kappa-1}\left[\left(\frac{p}{p_0}\right)^{\frac{\kappa-1}{2\kappa}} - 1\right] \tag{2-12}$$

其中,a_0、p_0 为未扰动气体(波前一点)的声速和压力,方程建立时假定管道未扰动气体的速度为零。

当 $p/p_0 \approx 1$(声波扫过情况)时,根据式(2-12)得到的介质速度为零,事实上声波扫过,气体质点只从其平衡位置移动极小距离。对于有限波,p/p_0 偏离 1 较大,气体质点将有一定的速度,并发生明显的移动。

当 $p/p_0 > 1$ 时,称这个压力波为压缩波;当 $p/p_0 < 1$ 时,称这个压力波为膨胀波。压缩波与膨胀波统称为简单波,简单波是等熵波;等熵波扫过之后引起的气体状态变化过程认为是等熵过程。与简单波相对应的是激波,激波是不等熵波。

如果波的运动方向与规定方向一致,则称这个波为正向波;如果波的运动方向与规定方向相反,则称这个波为负向波。式(2-12)对于正向波取正号,对于负向波取负号。

压力比 p/p_0 不同,速度 u 也不同。因此,在波的不同部位,气体(介质)具有不同的速度。波可通过气体(介质)状态参数的变化来确定,例如采用压力比 p/p_0 确定(p_0 和 p 分别为扰动前后介质的压力)。因此,求取波的移动速度,可选择波上某一点,记录 p/p_0 值。p/p_0 值保持不变的路线为波的传播路线,p/p_0 固定值移动速度就是波的速度。这样,可以找到波的速度(相对未扰动流体)

$$c = u \pm a \tag{2-13}$$

其中,a 为扰动后的声速,总取正值。

式(2-13)表明,有限波好像是叠加在运动气体之上的声波。

因为 $u \pm a$ 是有限波的传播速度,所以 $\dfrac{\mathrm{d}x}{\mathrm{d}t} = u \pm a$ 实际上是有限波在运动气流中传播的轨迹线。$\dfrac{\mathrm{d}x}{\mathrm{d}t} = u + a$ 是向右传播的有限波轨迹线,称右行特征线;$\dfrac{\mathrm{d}x}{\mathrm{d}t} = u - a$ 是向左传播的有限波轨迹,称左行特征线。

合并式(2-12)和式(2-13),得

$$c = \pm\left\{\frac{2a_0}{\kappa-1}\left[\left(\frac{p}{p_0}\right)^{\frac{\kappa-1}{2\kappa}} - 1\right] + a\right\} = \pm\left\{\frac{2a_0}{\kappa-1}\left[\left(\frac{p}{p_0}\right)^{\frac{\kappa-1}{2\kappa}} - 1\right] + a_0\left(\frac{p}{p_0}\right)^{\frac{\kappa-1}{2\kappa}}\right\}$$

$$= \pm \frac{2a_0}{\kappa - 1} \left[\frac{\kappa + 1}{2} \left(\frac{p}{p_0} \right)^{\frac{\kappa - 1}{2\kappa}} - 1 \right] \tag{2-14}$$

排气管道内的流动马赫数小于 1，u 在数值上总是小于 a，这就意味着 c 的符号与 a 的符号相同。u 和 a 前符号均是对正向波取正号，对负向波取负号，这样 u 的符号可以由 p/p_0 来控制，所以符号可以提到中括号以外。

2.4　波的相互作用

声波的振幅很小，它通过气体传播时，介质质点不发生位移，其热力学特性也不发生变化，因此声波在传播过程中并不改变它的形状。这类波总是正弦波，并具有正弦曲线的形状（尽管实际上由于载波介质的摩擦耗散，波幅逐渐减小）。有限波的振幅较大，它通过气体传播时，介质质点发生明显位移，质点的热力学特性也发生明显变化，因此有限波在传播过程中形状会发生明显改变。

2.4.1　有限波的发展

首先看一个压缩波，一个到处有 $p/p_0 > 1$ 的波，如图 2-3 所示。在波的起始与终了点上，$p/p_0 \approx 1$，因此在波的起始与终了点上波动速度为 a_0。这样的波类似排气门瞬间打开又关上在排气管内产生的波。

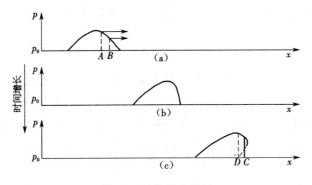

图 2-3　压缩波的发展

p/p_0 从 1 开始增大，有限波速 c 从 a_0 开始增大，所以波的高压部分运动速度比低压部分快，随着波的运动，波的运动形状必定改变。

图 2-3 中，(a) 时刻 A 点压力高于 B 点，因此 A 点运动速度较快；过后在某一时刻 (b)，脉冲必然改变形状，前锋变陡；再到下一时刻 (c)，由于波动速度差，波的前锋超越了它本身（虚线所示）。这种情况在物理上是不可能的，因为空间一点在同一时刻不可能有两种不同的压力。实际上，我们在 C 点观察到一个很陡的压力前锋，这就是激波。像 D 这样的点，不会比激波前锋（垂直实线）运动慢，两者相遇后，就会合并在一起。所以，激波两边气体压力有阶跃，即出现压力不连续，这样流体速度也发生不连续变化。因此，激波的运动速度，或者说，即将穿越激波的气流运动速度相对于激波是超声速。对于激波，由于存在能量耗散

以及熵的增加,不能用式(2-12)来分析。内燃机管道内压力波很弱,一般认为没有激波存在,因而可以近似采用等熵理论处理。

进气阀打开又关上,在进气道形成一个向进气口传播的膨胀波。对于压力波,激波在波的前锋形成;对于膨胀波,激波在波的尾部形成,如图2-4所示。

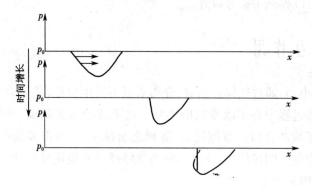

图2-4　膨胀波的发展

在膨胀波扫过之后,压力到处小于p_0,而c到处小于(或等于)a_0。当$(p/p_0)^{\frac{\kappa-1}{2\kappa}} = 2/(\kappa+1)$时(对空气相当于$p/p_0 \approx 0.28$),$c=0$(参见式(2-14))。同时,在此压力比下的波动点(不是介质)实际上是固定不动的,流体流速与当地声速正好抵消。因此,如果推进的完全是膨胀波,则它的压力比必存在一个最小值,即沿膨胀波运动方向(不是介质运动方向)其传播速度不能为负(膨胀波运动方向不能与介质运动方向同向)。

2.4.2　有限波的反射

假定管道内压力为大气压力,管道一端敞口于大气,而另一端存在一个压缩波向管道敞口传播,压缩波过后管道内压力升高。由于开口端压力始终为大气压力,当压缩波到达开口端,产生一个从开口向里的膨胀波,两波作用结果使管道开口处压力不变,维持在大气压力。所以,压缩波在开口端反射回来一个膨胀波;同理,膨胀波在开口端反射回来一个压缩波。

对于闭口管端,管端气流速度必须为零。一个向闭口管端传播的压缩波,在闭口管端反射回来一个压缩波,才能使闭口管端速度为零。由此可见,压缩波在闭口管端反射一个压缩波;同理,膨胀波在闭口管端反射一个膨胀波。

对于非等截面管道,可定性预言以下结论:横截面不断增大的管道,具有管端逐渐开启的特性;横截面逐渐收缩的管道,具有管端逐渐关闭的作用。

图2-5所示是二冲程发动机的一根变截面排气管,从排气口发出的压缩波从左到右通过管道,经过渐扩段逐渐反射回来膨胀波,当排气经过渐缩段时逐渐反射回来压缩波。膨胀波反射到仍然开着的排气口,使排气口处压力降低,有助于排气从气缸内排出。在以后的某一时刻,压缩波也反射回来,会把可能泄漏到排气管的新鲜气体推回到气缸中。

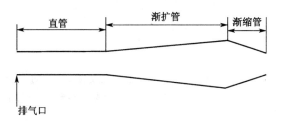

图 2-5 变截面排气管

2.4.3 有限波的叠加和干涉

有限波的叠加和干涉时常发生,例如当压力波传播到管端时,波前部分首先发生反射,反射波会与尚未到达管端的入射波发生叠加。

由式(2-13)可知,有限波方程是关于速度 u 的线性方程,而不是关于压力 p 的线性方程。因为压力和密度在等熵条件下存在耦合关系,如果一个有限波引起气体速度 u_1,而另一个有限波引起气体速度 u_2,则合成波的气体速度可由以上两值直接相加,即合成波速度是 $u = u_1 + u_2$,但压力不能直接相加,因为有限波方程不是压力 p 的线性方程。由于 u 正比于 $[(p/p_0)^{\frac{\kappa-1}{2\kappa}} - 1]$,可以把压力函数加起来。对于小扰动波这个特定情况,$p/p_0 \approx 1$,存在

$$(p/p_0)^{\frac{\kappa-1}{2\kappa}} - 1 = \frac{\kappa-1}{2\kappa}[(p/p_0) - 1]$$

因此,对声波可以把压力直接相加。所以,当两个声波发生干涉或叠加后,总波幅(压力幅值)等于两个相向波波幅相加。当波互相穿过之后,波幅仍然保持不变,其波前状态改变。右行波波前状态为原左行波的波后状态,左行波波前状态为原右行波的波后状态,如图 2-6 所示。

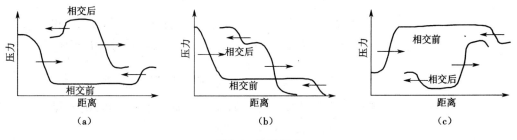

图 2-6 波的相交
(a)压缩波与压缩波相交 (b)压缩波与膨胀波相交 (c)膨胀波与膨胀波相交

有限波不同于声波,有限波的波速和波形是不断改变的,并且随有限波传播,介质质点的位置也在不断改变。两个有限波重叠或发生干涉,其在重叠区的发展是互相依赖的,叠加区也在不断改变。既需要确定重叠点的热力学、运动学状态,又需要确定重叠点位置。为了解重叠发生的时间、地点,必须从开始重叠的时刻逐点计算所有波动点的轨迹。这类计算需要用计算机来完成。特征线法是处理这个问题最有效的方法。

2.5　特征线法基本概念

特征线法是求解双曲线方程的数学方法,因此也是处理发动机管道内有限波运动的一种有效方法。本节结合发动机管道内一维非定常问题介绍特征线法的基本概念。

2.5.1　特征方向与特征方程

由式(2-3a) + $a^2 \times$ 式(2-1) + $a \times$ 式(2-2)得

$$\left[\frac{\partial p}{\partial t} + (u+a)\frac{\partial p}{\partial x}\right] + \rho a\left[\frac{\partial u}{\partial t} + (u+a)\frac{\partial u}{\partial x}\right] - (\kappa-1)\rho\left(q + u\frac{4fu^2}{D}\frac{u}{2}\frac{u}{|u|}\right) + \rho a\frac{4fu^2}{D}\frac{u}{2}\frac{u}{|u|} = 0$$

沿特征线 $\frac{\mathrm{d}x}{\mathrm{d}t} = u+a$,上式可改写为常微分方程

$$\frac{\mathrm{d}p}{\mathrm{d}t} + \rho a\frac{\mathrm{d}u}{\mathrm{d}t} - (\kappa-1)\rho\left(q + u\frac{4fu^2}{D}\frac{u}{2}\frac{u}{|u|}\right) + \rho a\frac{4fu^2}{D}\frac{u}{2}\frac{u}{|u|} = 0 \qquad (2\text{-}15)$$

由式(2-3a) + $a^2 \times$ 式(2-1) - $a \times$ 式(2-2)得

$$\left[\frac{\partial p}{\partial t} + (u-a)\frac{\partial p}{\partial x}\right] - \rho a\left[\frac{\partial u}{\partial t} + (u-a)\frac{\partial u}{\partial x}\right] - (\kappa-1)\rho\left(q + u\frac{4fu^2}{D}\frac{u}{2}\frac{u}{|u|}\right) - \rho a\frac{4fu^2}{D}\frac{u}{2}\frac{u}{|u|} = 0$$

沿特征线 $\frac{\mathrm{d}x}{\mathrm{d}t} = u-a$,上式可改写为常微分方程

$$\frac{\mathrm{d}p}{\mathrm{d}t} - \rho a\frac{\mathrm{d}u}{\mathrm{d}t} - (\kappa-1)\rho\left(q + u\frac{4fu^2}{D}\frac{u}{2}\frac{u}{|u|}\right) - \rho a\frac{4fu^2}{D}\frac{u}{2}\frac{u}{|u|} = 0 \qquad (2\text{-}16)$$

沿特征线 $\frac{\mathrm{d}x}{\mathrm{d}t} = u$,式(2-3a)改写为

$$\frac{\mathrm{d}p}{\mathrm{d}t} - a^2\frac{\mathrm{d}\rho}{\mathrm{d}t} - (\kappa-1)\rho\left(q + u\frac{4fu^2}{D}\frac{u}{2}\frac{u}{|u|}\right) = 0 \qquad (2\text{-}17)$$

特征方程式(2-17)中特征线是流体质点的运动轨迹,而特征方程式(2-15)和式(2-16)中的特征线是有限波的运动轨迹,所以特征方程式(2-15)和式(2-16)可合并写成

$$\mathrm{d}u \pm \frac{1}{\rho a}\mathrm{d}p = \pm(\kappa-1)\frac{q}{a}\mathrm{d}t - \frac{4fu^2}{D}\frac{u}{2}\frac{u}{|u|}\left[1 \mp (\kappa-1)\frac{u}{a}\right]\mathrm{d}t \qquad (2\text{-}18)$$

沿特征线,将偏微分方程化成常微分方程。如果不考虑摩擦和传热,则方程式(2-18)就转化为方程式(2-11b),这时方程式(2-18)可以写为

$$\mathrm{d}\left(u \pm \frac{2}{\kappa-1}a\right) = 0$$

上式说明,沿右行特征线 $\frac{\mathrm{d}x}{\mathrm{d}t} = u+a$,$u + \frac{2}{\kappa-1}a = $ 常数;沿左行特征线 $\frac{\mathrm{d}x}{\mathrm{d}t} = u-a$,$u - \frac{2}{\kappa-1}a = $ 常数。$u \pm \frac{2}{\kappa-1}a$ 被称为黎曼(Riemann)不变量。黎曼(Riemann)不变量是特征线法的基础。

特征线法的求解在位置图上进行,位置 x 为横坐标,时间 t 为纵坐标,如图2-7所示。如果已知位置图上的任意两点的 u 和 a,根据黎曼不变量就可以求得第三点的 u 和 a。

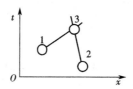

图 2-7 特征线法说明图

例如在图 2-7 中，已知 1 和 2 点的 u 和 a，从 1 点出发，画一条右行特征线，从 2 点出发，画一条左行特征线，它们相交于 3 点。根据黎曼(Riemann)不变量的原则，从 1 点到 3 点，有

$$u_1 + \frac{2}{\kappa-1}a_1 = u_3 + \frac{2}{\kappa-1}a_3$$

从 2 点到 3 点，有

$$u_2 - \frac{2}{\kappa-1}a_2 = u_3 - \frac{2}{\kappa-1}a_3$$

求解上述两个方程，可以求得 3 点的速度 u_3 和声速 a_3，再根据等熵关系式 $a = a_0\,(p/p_0)^{\frac{\kappa-1}{2\kappa}}$，求出 3 点的压力 p_3。这样，3 点的热力学状态就全部确定了。

重复上述步骤，在位置图上朝着时间增加方向，一步步前进，就可得出所需要的结果。

对于有传热和摩擦的流动，$u \pm \frac{2}{\kappa-1}a$ 沿特征线不是固定值，求解过程变得复杂，需要对特征方程无量纲化。对于有传热和摩擦的流动，$u \pm \frac{2}{\kappa-1}a$ 称为黎曼变量。

2.5.2 特征线方程的无量纲化

一般采用以下无因次参数对特征线方程进行无量纲化：

$$A = \frac{a}{a_{\text{ref}}} \quad U = \frac{u}{a_{\text{ref}}} \quad A_A = \frac{a_A}{a_{\text{ref}}} \quad Z = \frac{a_{\text{ref}}t}{x_{\text{ref}}} \quad X = \frac{x}{x_{\text{ref}}}$$

$$\lambda = A + \frac{\kappa-1}{2}U \quad \beta = A - \frac{\kappa-1}{2}U$$

式中：a_{ref} 为参考声速；x_{ref} 为参考长度；a_A 为管道中气体由压强 p 等熵变化到参考压强 p_{ref} 后的声速。a_A 由下式求出：

$$p/p_{\text{ref}} = (a/a_A)^{2\kappa/(\kappa-1)} = (A/A_A)^{2\kappa/(\kappa-1)}$$

对于等熵过程，$a_A = a_{\text{ref}}$。a_A 反映管道中熵的大小，称其为熵值。对气体密度类似有

$$p/p_{\text{ref}} = (\rho/\rho_A)^{\kappa}$$

由于采用 λ, β 表示无因次黎曼变量，因此右行特征线又称为 λ 特征线，左行特征线又称为 β 特征线。

沿方向性条件 $dX/dZ = U + A$，特征方程式(2-15)转化为

$$d\lambda = dA + \frac{\kappa-1}{2}dU$$

$$= A\frac{dA_A}{A_A} - \frac{2(\kappa-1)fx_{\text{ref}}U^3}{2d\,|U|}\left[1-(\kappa-1)\frac{U}{A}\right]dZ + \frac{qx_{\text{ref}}(\kappa-1)^2}{2Aa_{\text{ref}}^3}dZ \quad (2\text{-}19)$$

沿方向性条件 $dX/dZ = U - A$，特征方程式(2-16)转化为

$$d\beta = dA - \frac{\kappa - 1}{2}dU$$

$$= A\frac{dA_A}{A_A} + \frac{2(\kappa - 1)fx_{\text{ref}}U^3}{2d|U|}\left[1 + (\kappa - 1)\frac{U}{A}\right]dZ + \frac{qx_{\text{ref}}(\kappa - 1)^2}{2Aa_{\text{ref}}^3}dZ \qquad (2\text{-}20)$$

沿方向性条件 $dX/dZ = U$，特征方程式(2-17)转化为

$$dA_A = \frac{(\kappa - 1)A_A}{2A^2}\left(\frac{qx_{\text{ref}} \cdot}{a_{\text{ref}}^3} + \frac{2fx_{\text{ref}}|U^3|}{D}\right)dZ \qquad (2\text{-}21)$$

某一点流体微元的温度、速度、压力由该点的黎曼变量 λ、β 及熵值 A_A 求出。所以现在的关键问题是求解黎曼变量 λ、β 及熵值 A_A。

2.5.3　特征线方程的求解

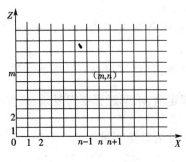

图2-8　网格划分

特征线法求解过程是在时间(Z)—位置(X)平面中进行的。具体做法是把位置图分成矩形网格，亦即把位置坐标 X 轴分成许多相等的步长 δX，把时间坐标 Z 轴分为许多相等的有限的步长 δZ，图2-8所示即为这样一个网格。$X = 0$ 处为管道入口端，$X = 1$ 处为管道出口端。X 轴上区间步长相等，步数越多，步长越短，计算越精确，计算时间越长。计算按时间进行，即沿图中网格某一列一直向上移动，标有(m, n)的点是空间第 n 步、时间第 m 步。

假定计算进行到 m 步，m 时刻每个网格点上的 λ，β，A_A 均为已知，需要计算下一时刻 $m + 1$ 各网格点上的值。计算方法：选择从 m 行出发正好通过 $m + 1$ 行上的网格点的特征线，这些特征线不一定通过 m 行上的网格点。如图2-9所示，交于 $m + 1$ 行上 P 点（网格点）的特征线发端于 m 时刻点 R 和 S（不一定是网格点）。排气管道内的气流运动一般为亚声速流动，对亚声速流动，R 点位于点 $n - 1$ 和点 n 之间，S 点位于点 n 和点 $n + 1$ 之间。R 点的黎曼变量应用线性插值公式求得，即

$$\lambda_R = \lambda_n - \frac{\delta x_R}{\Delta x}(\lambda_n - \lambda_{n-1}) \qquad (2\text{-}22a)$$

$$\beta_R = \beta_n - \frac{\delta x_R}{\Delta x}(\beta_n - \beta_{n-1}) \qquad (2\text{-}22b)$$

对于亚声速流

$$\frac{\delta x_R}{\Delta Z} = U + A = \frac{\lambda_R + \beta_R}{2} + \frac{\lambda_R - \beta_R}{\kappa - 1} = b\lambda_R - a\beta_R$$

$$= b\left[\lambda_n - \frac{\delta x_R}{\Delta x}(\lambda_n - \lambda_{n-1})\right] - a\left[\beta_n - \frac{\delta x_R}{\Delta x}(\beta_n - \beta_{n-1})\right]$$

其中

$$a = \frac{3 - \kappa}{2(\kappa - 1)} \quad b = \frac{\kappa + 1}{2(\kappa - 1)}$$

所以

$$\frac{\delta x_R}{\Delta x} = \frac{b\lambda_n - a\beta_n}{\dfrac{\Delta X}{\Delta Z} + b(\lambda_n - \lambda_{n-1}) - a(\beta_n - \beta_{n-1})}$$

对于 S 点,存在类似结论,即

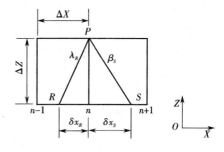

图 2-9 非网格点 λ、β 求值

$$\beta_S = \beta_n - \frac{\delta x_S}{\Delta x}(\beta_n - \beta_{n+1}) \qquad (2\text{-}23\text{a})$$

$$\lambda_S = \lambda_n - \frac{\delta x_S}{\Delta x}(\lambda_n - \lambda_{n+1}) \qquad (2\text{-}23\text{b})$$

$$\frac{\delta x_S}{\Delta x} = \frac{b\beta_n - a\lambda_n}{\dfrac{\Delta X}{\Delta Z} + b(\beta_n - \beta_{n+1}) - a(\lambda_n - \lambda_{n+1})}$$

对于等熵流动,$\lambda_P = \lambda_R$,$\beta_P = \beta_S$;当流动存在传热和摩擦时,黎曼变量沿特征线不再是定值,而是变值,即

$$\lambda_P = \lambda_R + \mathrm{d}\lambda_R \quad \beta_P = \beta_S + \mathrm{d}\beta_S$$

其中,$\mathrm{d}\lambda_R$,$\mathrm{d}\beta_S$ 根据方程式(2-19)和式(2-20)求得。

至此,已求得 $m+1$ 时刻网格点上的黎曼变量,但是对不等熵流动,还必须求得网格点上的熵值。熵值是流体质点的状态参数,对于网格点上的熵值 A_A,必须沿轨迹线求取,如图 2-10 所示。

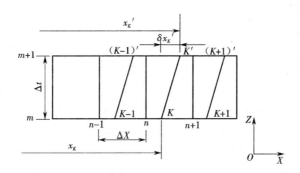

图 2-10 网格点上的熵值求取方法

图 2-10 中,K' 和 K 分别代表同一质点在 m 时刻和 $m+1$ 时刻的位置点。第 K 条轨迹线位置的变化量

$$\delta x_K = \frac{\lambda_K - \beta_K}{K - 1}\Delta Z$$

新时刻第 K 条轨迹线的位置

$$X'_K = X_K + \delta X_K \qquad (2\text{-}24)$$

新时刻第 K 条轨迹线的熵值

$$A'_{AK} = A_{AK} + \delta A_{AK} \qquad (2\text{-}25)$$

其中，δA_{AK} 可根据式（2-21）求得。当求出每一条轨迹线上的熵值 A_A 后，$m+1$ 时刻网格点上的熵值可通过线性插值法求得。

根据初始时刻各点的 λ，β，A_A 值，按上述方法依次计算以后各时刻各网格点上的 λ，β，A_A 值，各网格点上的流体压力、温度、速度由该点的 λ、β 及熵值 A_A 确定。

2.5.4　计算的稳定性

所有求解方程都包含 m 时刻变量 λ，β，A_A 和时间步长 dZ，这表明 m 时刻的 λ，β，A_A 和时间步长 dZ 均对 $d\lambda$，$d\beta$，dA_A 有影响。由于不等熵流动的 λ，β 特征线不再是直线，所以特征线越弯曲，步长值应该越小。除此之外，需要特别注意空间步长和时间步长之间的兼容性。对于某一特定时刻，也许会出现 $\delta x_R/\Delta x > 1$ 或者 $\delta x_S/\Delta x > 1$，这时 $m+1$ 时刻内网格点上的值不能全部由 m 时刻网格点上的值计算得出，此时认为有限步长计算变得不稳定，必须减少 dZ 方向步长。dZ 方向步长通过下列步骤来选取。

从 m 行的每个网格点出发，假想绘出 λ，β 特征线，根据特征线的斜率，可分别算出特征线与邻近纵向网格线相交点的高度，即

对 λ 特征线

$$\Delta Z \leqslant \Delta x / (dx / dZ) = \Delta x / (U + A) \tag{2-26}$$

对 β 特征线

$$\Delta Z \leqslant \Delta x / (-dx / dZ) = \Delta x / (A - U) \tag{2-27}$$

对 m 行的每一个网格点，按式（2-26）和式（2-27）都可以计算出两个 ΔZ，选取所有 ΔZ 中最小的作为时间步长，这样就可以保证计算的稳定性。

2.5.5　边界条件

在发动机管道内压力波的计算过程中，一切与管道相连的非管道部件均作为边界条件。压力波的作用在很大程度上也决定于边界条件，管子开启，或封闭，或部分开启，反射波是不一样的，所以必须确定管道端部条件。在管端只有一条引进的特征线，左端只有入射的 β 线，左边界的 β 值是已知的；同理，右端只有入射的 λ 线，右边界的 λ 值也是已知的。此外，对于出流，管端 A_A 能够根据上一时刻求出；对于入流，A_A 亦未知。为了计算能够进行下去，左、右边界的 λ，β，A_A 值必须全部求出。边界上 λ，β，A_A 值需要根据边界类型确定，即所谓的边界条件。

1. 简单边界

对于闭口管端（相当于气门关闭），由于速度必须为零，边界条件为 $\lambda = \beta$。

对于开口管端，若与环境相连管端环境声速为 A，边界条件为 $\lambda + \beta = 2A$。

发动机管道闭口端、开口端一般按等熵流动处理。

对于流经部分开口端（喷嘴）的情况要区分亚声速流和声速流，对于流经部分开口端的回流可以采用开口端边界条件。

2. 复杂边界

若管道与气缸相连，则需要先确定气缸内压力随曲轴转角的变化关系式。对于由气缸

经气门流入管道,边界条件可采用等压模型;对于由气缸经气口环室系统流入管道,边界条件则采用降压模型。

对于管道截面突然变化(异径管接头)的边界模型,由于流动的三维性,突扩情况下的计算结果较突缩情况下的计算结果要差。

对于三通管接头,边界条件可采用等压模型或压力损失模型,对结果影响不大。等压模型是等熵模型,而压力损失模型需要根据具体流动情况确定流动损失。脉冲转换器也可以看作是一个特殊的三通。

有绝热压强损失的装置,如旁通阀、再循环阀、网栅等,压强损失系数随流动雷诺数以及装置的结构参数而变,需要由经验法求得。

对于连接在管道中的压气机和涡轮机,按拟稳态边界模型计算简单,但不能描述内部真实的脉动特性,从而影响增压器系统的匹配效果。近年来发展起来的很多非稳态模型可以作为另外一个选择。

2.6　发动机进排气系统压力波运动

从进(排)气门开启产生扰动到反射波返回到气缸为止所经历的曲轴转角,即压力波在进(排)气管内往返一次所需时间(以转角计),称为压力波周期,用下式表示:

$$\varphi_p = \frac{2L}{c}\left(\frac{360n}{60}\right) \tag{2-28}$$

式中:n 为发动机转速(r/min),L 为管道的长度(m),c 为有限波的速度(m/s)。

所以,压力波周期 φ_p 主要由管长 L 和转速 n 决定,转速一定时,与管长成正比;管长一定时,与转速成正比。

2.6.1　管道长度的影响

在转速恒定的条件下,管道变长,压力波周期变长;管道缩短,压力波周期也缩短。图2-11 以一个独立排气管道为例,分析反射压力波对排气的影响。其中,排气持续期为240°CA,进排气重叠区为80°CA(典型增压柴油机)。

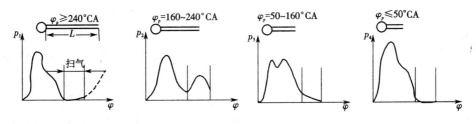

图 2-11　管长对压力波形态的影响

(1)$\varphi_p \geqslant 240°CA$。排气管很长,压力波反射回来的时间等于或大于排气持续时间,反射波到达气缸端时,排气门已关闭,气缸扫气已结束,反射波对气缸的扫气不产生任何影响。

(2)$\varphi_p = 160 \sim 240°CA$。反射波到达时,气缸正处于扫气阶段,如果反射波是压缩波,则会在排气门关闭时刻出现第二个波峰,引起排气背压上升,妨碍气缸扫气。

(3)$\varphi_p = 50 \sim 160°CA$。反射波返回较早,波峰向前推移,对扫气过程无大影响,此时活塞正处于上行、推挤排气阶段,如果反射波是压缩波,则导致背压上升,泵气功增大。

(4)$\varphi_p \leqslant 50°CA$。排气管很短,反射波很快返回,并与排气基本流叠加;如果反射波是压缩波,则会增大基本波(管道入口处压力波)的波幅,减小排气速度,从而使排气节流损失减小,且当转速降低时,反射波提前到达也不会产生不良影响;如果反射波是膨胀波,则会减小基本波的波幅,增大排气速度,从而使排气节流损失增大。

2.6.2　管道横截面的影响

气体由气缸通过排气门流入排气管时,因通道突然扩张会形成涡流,从而产生节流损失,排气管横截面面积与排气门开启最大面积之比越大,节流损失越大。另外,排气在管内也会产生流动损失,流动损失与流动速度的平方成正比。排气管横截面面积增大,节流损失增大,排气管压力波减弱,波幅减小;排气管横截面面积减小,流动速度增大,流动损失增大,排气管压力波沿程损失增大,压力波波幅减小。对于进气管存在以上类似情况,如图2-12所示进气门与进气管连接,开口边界在进气管内反射膨胀波时,固壁边界会反射压缩波;开口边界在进气管内反射压缩波时,固壁边界会反射膨胀波。总之,固壁边界面积越大,对进气管内反射波波幅的减弱作用越大。固壁边界面积减小,进气管横截面面积减小,流动速度增大,流动损失增大,进气管压力波沿程损失增大。总之,管道横截面影响着压力波波幅,并存在一个最佳值。

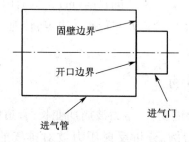

固壁边界

开口边界

进气门

进气管

图2-12　进气管与进气门连接

2.6.3　转速的影响

在转速一定情况下增加管道长度,与在管道长度一定情况下增加转速类似。转速降低,压力波周期变长;转速升高,压力波周期变短。对于一个独立的进气管,进气门打开,从气缸发出一个膨胀波向进气管入口传播,膨胀波在进气管入口遇大气反射一个压缩波,如果压缩波反射到进气门时进气门已经关闭,则压缩波的能量就不能得到利用,如果压缩波完全进入气缸,则压缩波得到充分利用。对于升程规律如图2-13所示的进气阀,反射压缩波到达气缸的最佳时间应是在$90°CA$,此时转速和管长满足如下关系:

$$90 = \frac{2L}{c}\left(\frac{360n}{60}\right) \tag{2-29}$$

如时间超过 180°CA 则压缩波完全不能被利用,此时转速和管长满足如下关系:

$$180 = \frac{2L}{c}\left(\frac{360n}{60}\right) \tag{2-30}$$

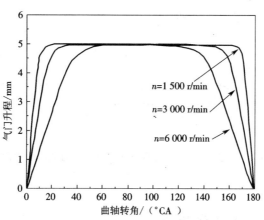

图 2-13 进气阀升程规律

实际上,气门关闭之后管道内气体不会静止,压力波不会消失,而是不断在管道内传播和反射。气门再次打开时,管道中往往存在相互叠加的好几个复杂的残余压力脉冲,残余压力脉冲会对即将发射的压力波产生影响。因此式(2-29)和式(2-30)是独立进气管的一种理想状况。

发动机每转两转,气缸向管道发射一个脉冲,转速越高,气缸向管道发射的脉冲频率就越高。所以,管道长度一定时,残余压力脉冲形状会随转速而改变。图 2-14 所示是一个独立排气管内两个脉冲之间(排气阀相邻的两次开启之间)压力波运动规律。纵坐标表示排气口某测点的压力值,横坐标(时间坐标)是无量纲参数 $Z = ct/\delta X$,c 是压力波速度,δX 是两个连续脉冲之间的空间距离(随脉冲频率而改变,用来保证两个脉冲之间的无量纲时间 Z 均相同),而不管脉冲频率是多少,随着脉冲频率降低,脉冲时间间隔增大,δX 等比例变大。

由图 2-14 可以看到,转速为 2 000 r/min 时,排气阀打开,随即引起一个正压力波(压缩波),接着跟来一个由管道开口端反射回来的负压力波(膨胀波),之后比较小的波峰与波谷是管道中压力波(各种反射波)干涉引起的,因此几个循环以后,就不再是简单地跟着正压力脉冲回行的负压力反射波的情况,曲线中比较陡的跳跃是小的激波;转速为 3 000 r/min 时,反射膨胀波出现很晚(因为真实的时间缩短了),刚好在下一个脉冲之前到达;转速为 4 000 r/min 时,情况较为复杂,在初始正压力波后面,跟着一个复杂的膨胀波(主要是上一个脉冲的反射膨胀波以及其他往返多次的反射波相互叠加),在下一个脉冲发生以前,当前脉冲的反射膨胀波还没有反射回来。

转速除了影响压力波周期、残余压力波波形外,还会影响压力波波幅。转速增加,进排气速度增加,气缸和进排气管道之间压差增大,因此管道内压力波幅值会增大。研究表明,管道内压力波幅值由阀口处气体流速唯一决定,而与阀口处质量、流量或动量无关。压力波幅值损失量取决于两个因素,即阀口横截面面积与气道横截面面积之比以及管长(沿程

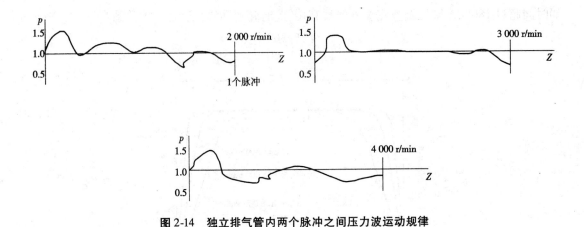

图 2-14　独立排气管内两个脉冲之间压力波运动规律

阻力损失)。

2.6.4　进气系统压力波动分析

除赛车发动机外,大多数多缸发动机总是把进排气管合并起来,一方面可以有效利用脉冲能量或提高消声器内气流脉冲频率,另一方面可以减少消声器、过滤器、后处理器的数量。一般来说,频率高的噪声容易被吸收。图 2-15 所示是一个典型的四缸发动机进气系统示意图,各缸进气支管(P1)通过集气腔(P2)连到进气总管,从而与大气相连。具有独立进气管的发动机,进气支管直通压力稳定的大气,合并进气后,进气支管入口是压力不稳定的集气腔,集气腔内压力受所有气缸排气过程影响,因此合并进气管会引起各缸之间换气过程的相互作用。

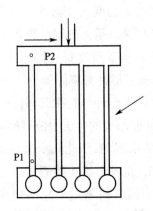

图 2-15　一个典型的四缸发动机进气系统示意图

如图 2-16 所示,在转速 2 000 r/min 下,各缸在集气腔内引起的压力脉动相位几乎相同(图 2-16(a)),叠加结果使得集气腔内压力脉动增强(图 2-16(b));在转速 3 000 r/min 下,各缸在集气腔内引起的压力脉动相位几乎相反(图 2-16(c)),各缸引起的压力脉动在集气腔内相互抵消(图 2-16(d))。由于压力不能直接相加,各缸单独在集气腔引起的压力脉动相加,并不等于实际集气腔内的压力脉动(图 2-16(b)和图 2-16(d))。

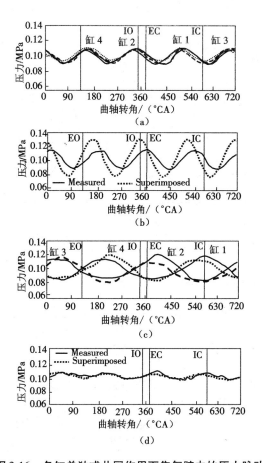

图 2-16   各缸单独或共同作用下集气腔内的压力脉动

(a)(b)2 000 r/min 转速下   (c)(d)3 000 r/min 转速下

如果多缸发动机的气缸数为 N,则相邻两个气缸气门开启间隔

$$\varphi_C = \frac{720}{N} \tag{2-31}$$

当第一个气缸的进气门打开,随即在进气管发射一个膨胀波,膨胀波在进气管入口反射一个压缩波。这个压缩波进入气缸后进气门关闭,会向进气管发射一个压缩波,压缩波在进气管入口反射一个膨胀波。这时,如果相邻气缸进气门打开,也会在进气管入口反射一个膨胀波,两个膨胀波叠加的结果使波幅增大,进气得到促进,忽略残余压力脉冲及连接处反射波的影响,此时两个压力波周期存在如下关系:

$$\varphi_C = 2\varphi_p \tag{2-32}$$

如果第一个气缸发射压缩波,相邻气缸进气门打开,发出膨胀波,两个压力波叠加的结果使波幅减小,进气受到削弱,这时两个压力波周期存在如下关系:

$$\varphi_C = \varphi_p \tag{2-33}$$

各缸在进气管内引起的压力波相互增强或抵消,造成了集气腔内压力脉动随转速的变化。如图 2-17 所示,低速阶段,转速从怠速增加到 2 000 r/min,由于压力波相互增强的作用逐渐增大,集气腔和气道压力脉动幅值增大。压力波相互增强作用最大时的转速称为调谐

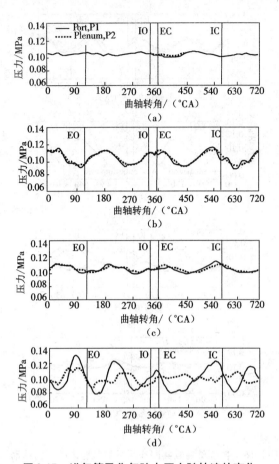

图2-17 进气管及集气腔内压力随转速的变化

(a)1 500 r/min　(b)2 000 r/min
(c)3 000 r/min　(d)5 000 r/min

转速(图2-16和图2-17中的2 000 r/min),在调谐转速时集气腔压力脉动对进气过程有促进作用,相对于独立进气管有最大充气效率(图2-18)。中速阶段,转速从2 000 r/min增加到3 000 r/min,压力波相互削弱的影响逐渐增强,集气腔和气道压力脉动幅值趋于减小。压力波相互削弱作用最大时的转速称为反调谐转速(图2-16和图2-17中的3 000 r/min),在反调谐转速时集气腔压力脉动对进气过程有阻碍作用,相对于独立进气管有最小充气效率(图2-18)。转速进一步增加到高速阶段,由于进出气阀的气流速度非常高,气道内压力脉动幅值非常大,而集气腔内由于入射波、反射波密集程度增加,致使进气阀开启阶段集气腔内压力脉动趋于平稳(图2-17中的5 000 r/min情况)。在这种情况下,集气腔内压力脉动相对气道压力脉动而言处于次要影响地位,发动机充气效率主要取决于进气支管内压力脉动,所以此时合并进气管的充气效率与独立进气管类似。合并进气管与独立进气管的充气效率开始趋于相同时的转速称为无调谐转速(图2-18中的4 000 r/min)。低速、中速、高速的划分以及调谐转速、反调谐转速、无调谐转速的具体数值不是固定的,它们由发动机及进气系统的结构参数和运行参数决定。

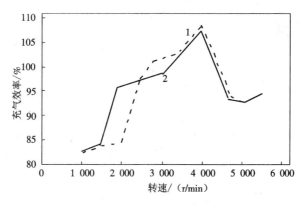

图 2-18　充气效率随转速的变化

1—独立进气管；2—合并进气管

2.6.5　进气系统的设计原则

高速时,支管内的压力脉动幅值高于集气腔内的压力脉动幅值,集气腔内的压力脉动起次要作用,因此充气效率主要取决于进气支管内的流体动力学特性,即支管设计决定了高速时发动机的充气效率。

中低速度时,支管内的压力脉动幅值与集气腔内的压力脉动幅值相当,发动机充气效率受集气腔内的压力脉动影响较大,因此与整个进气系统结构参数相关。研究表明,集气腔结构类型,支管、总管与集气腔连接方式以及分布间隔,总管上附件(如过滤器、消声器等)以及其安装方式起次要作用,管道及集气腔的横截面面积和长度起主要作用。

进气系统管径的增减只会引起压力波强度变化,不会改变压力波的相位。压力波相位主要由进气系统长度决定,进气系统长度增加,压力波运行的周期增大,调谐转速、反调谐转速及无调谐转速均会减小。因此,进气系统长度增加或减少会引起图 2-18 所示的充气效率曲线左移或右移。管径的变化只会改变充气效率相对于独立支管充气效率的变化幅值(图 2-18),若压力波增强则变化幅值增大,若压力波减弱则变化幅值减小。为了保证速度变化时充气效率一直在较高的范围之内,需要在速度增加时减小系统管长,在速度降低时增大系统管长,这就是可变进气系统(Variable Intake System, VIS)的概念(图 2-19)。

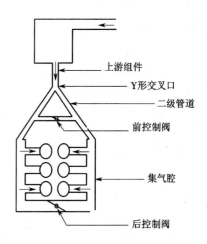

上游组件
Y形交叉口
二级管道
前控制阀
集气腔
后控制阀

图 2-19　可变进气系统示意图

2.7　发动机进气增压

2.7.1　增压目的

进气增压的目的主要是满足对发动机强化的要求。发动机强化程度的动力指标是升功率 $N_L = p_e n / \tau_S$。对于一定的发动机，冲程数 τ_S 是固定的，转速 n 的提高是有限的，所以最有效的强化方法是提高平均有效压力 p_e，并且 p_e 提高，发动机机械负荷和热负荷并不因之成比例增加，因此允许 p_e 大幅度提高甚至成倍增长，且

$$p_e = H_u \eta_i \eta_m \eta_v \rho_s / (\alpha L_0)$$

燃料一定，其低热值 H_u 以及燃烧 1 kg 燃料所需理论空气量 L_0 均为常数，另外发动机的指示效率 η_i、机械效率 η_m、容积效率 η_v、空燃比 α 变化范围又很小，因此要大幅度提高 p_e，即大幅度提高发动机强化程度的手段就是提高气缸充量密度 ρ_s，对发动机进气增压。

增压程度采用增压度来衡量。增压度表示增压后与增压前发动机升功率之比，即

$$\varepsilon = N_L / N_{L0} = p_e / p_{e0} \approx \rho_s / \rho_{s0}$$

其中，下标 0 表示增压前。由于 $p_s = \rho_s R T_s$，因此增压度通常以增压后缸内压力（增压压力）来划分，一般划分范围如下：

低增压，$p_s < 0.18$ MPa($p_e = 0.8 \sim 1.0$ MPa)；

中增压，$p_s = 0.18 \sim 0.25$ MPa($p_e = 0.9 \sim 1.5$ MPa)；

高增压，$p_s = 0.25 \sim 0.35$ MPa($p_e = 1.4 \sim 2.2$ MPa)；

超高增压，$p_s > 0.35$ MPa($p_e > 2.2$ MPa)。

2.7.2　增压方式

柴油机进气增压最初的方式是机械增压，即发动机曲轴经过增速机构带动压气机工作，压气机将环境状态下的空气提高压力后送入发动机进气口。由于压气机消耗发动机动力，所以机械增压一般是低增压。机械增压压力较高时，整机效率下降。机械增压曾在轿车汽油机上得到应用，原因如下：

(1)汽油机转速范围大、转速高(2 000 ~ 6 000 r/min)，涡轮增压器与其匹配存在困难；

(2)非直喷汽油机不易采用高增压(高增压易发生爆震)，汽油机的增压范围恰巧是机械增压整机效率的最高范围；

(3)机械增压的加速性能优于涡轮增压，这也正是轿车所需要的。

现代汽油机和柴油机趋向采用中高增压，并广泛采用排气涡轮增压。排气涡轮增压是利用排气做功对进气进行增压。发动机排气具有一定的能量，美国国家环保局研究表明：中型乘用车在城市道路工况下行驶时，燃料燃烧释放的能量大约有 33% 被内燃机排气直接带走，大约有 29% 的能量被冷却水和热辐射带走，剩下的低于 40% 的能量转化为内燃机的指示功。利用内燃机排气能量进行增压，可达到节能减排、提高热效率的目的。排气具有一定的温度、速度和压力，因此排气能量以温度能、速度能和压力能三种形式出现。图 2-20

所示是某直列 4 缸自然吸气汽油机排气能流率与发动机有效功率之间的对比。在外特性曲线上，随着转速增加，排气能流率的增长速度大于发动机有效功率的增长速度，在较高转速时，排气能流率超过了有效功率。排气能流率也随负荷增加而增加，研究表明，负荷增加的影响不如转速增加的影响大。

在外特性条件下，三种排气能量占总能量的比例如图 2-21 所示。低转速时排气能量几乎全部为热能；随着转速的增加，动能和压能的比例逐渐增加，但是增长的幅度比较缓慢；即使在最高转速 6 000 r/min 时，热能所占比例还是相当大（90.5%）。在全转速范围内，动能的比例始终小于 0.6%，几乎可以忽略。只有在高速、高负荷时，才考虑压能。所以，排气热能的利用具有很大的潜力。

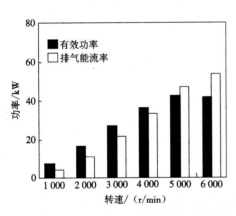

图 2-20　某直列 4 缸自然吸气汽油机排气能流率和有效功率的对比

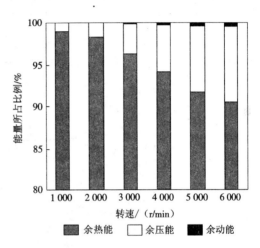

图 2-21　排气中三种能量的比例

按能量利用方式，利用排气做功对进气进行增压可分为两种类型：主要利用排气压力能的排气涡轮增压（Exhaust Turbocharging, ET）和主要利用排气热能的蒸汽涡轮增压（Steam Turbocharging, ST）。图 2-22 所示是排气涡轮增压的结构示意图，发动机排气驱动涡轮，再由涡轮带动压气机对进气进行增压。涡轮与压气机安装在一根轴上，构成一个单独的部件，称为涡轮增压器。涡轮增压器与发动机只有气体管路连接而无机械传动。相比机械增压，涡轮增压结构简单、不消耗功率，但对背压敏感、加速性能差、热负荷大。为综合两者优点，有时同时采用机械增压和涡轮增压，即所谓的复合增压。复合增压结构复杂，一般只在二冲程柴油机和一些特殊场合才应用。

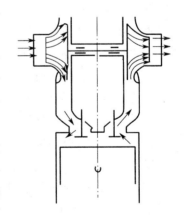

图 2-22　排气涡轮增压的结构示意图

排气涡轮增压由发动机排气压力能驱动，保护排气管中压力波少受损失是排气涡轮增压的第一要务。一方面，压力波在涡轮前会发生反射，反射波对基本波和排气门节流都有影响,此外排气系统的设计也要保证相邻气缸排气互不干扰,以避免气缸扫气过程受到影响;另一方面,如果进入涡轮气流发生间断,涡轮效率会降低。因此,涡轮增压器应尽量靠近气缸,减少流动损失;将排气管做得短而细,减少压力波损失;将排气管做成分歧型,减少压力波的干扰,并保证进入涡轮的气流连续。为此,排气涡轮增压有以下几种方式。

1. 脉冲系统

为了避免排气干扰,在理论上最好是向同一根排气管中排气的两个气缸的排气间隔角等于或稍大于排气持续角,即在前一个气缸的排气门关闭之后,下一个气缸再向此排气管内排气。对于四冲程发动机,排气门一般从开启到关闭延续大约240°CA,故四冲程发动机一个完整的排气压力波的延续角度为240°CA。所以对于6缸机,可将排气管分成两组,分别与1,2,3缸和4,5,6缸相连,这时涡轮有两个入口。排气管内压力波既连续又互不干扰,如图2-23所示。这样的排气系统称为脉冲系统。脉冲系统应用于气缸数是3的倍数的发动机,性能最好;当气缸数不是3的倍数时,则应使用其他方式。

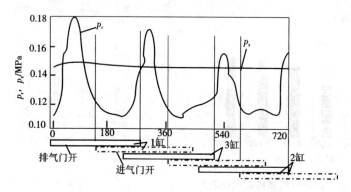

图2-23　脉冲系统涡轮入口排气脉冲压力波

2. 脉冲转换系统

脉冲转换系统的特点是在排气系统中采用脉冲转换器。脉冲转换器的结构是两个排气支管通过收缩性喷嘴管道(喉管)连接到一根排气管上,如图2-24所示。这样,相邻气缸排气时,排气脉冲先通过喉管转化为动能,从而使速度提高、压力降低,那么在排气管中,两股脉冲气流的能量在混合时相互交换,轮流成为推动和被推动的气流,并实现气流速度的平衡。在排气管中有一部分可用的脉冲能量转化为膨胀波,这个膨胀波传到先排气的支管中,使其中产生较大的压降,也即引射作用。当两个气缸的排气过程有一部分重叠时,使用脉冲转换器可避免主排气气缸干扰先排气气缸的扫气过程。脉冲转换器可使用4缸、8缸、16缸柴油机获得与6缸机上脉冲系统大致相同的效果。

对于脉冲系统,为了防止反射压力波对扫气的干扰,排气管不能太长。而对于脉冲转换系统,排气管不能太短,否则扫气将受到严重干扰,因为通过涡轮反射的是正压力波(压缩波)。如果排气管长度不够,喉管的喉口直径应小一些,以便减小压力波波幅,降低压力波的相互干扰,但这样做会加大压力波的能量损失。为了降低涡轮反射压力波对气缸扫气的干扰,涡轮截面不能太小。脉冲转换系统需要对排气管、喉管的长度和直径以及涡轮喷嘴截面尺寸进行优化设计。

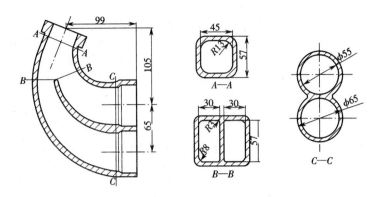

图 2-24　BF8L413F 脉冲转换器

3. 多脉冲转换系统

多脉冲转换系统是将排气有重叠的气缸通过一个多脉冲转换器连接到一个涡轮进口,一方面可改善涡轮的进气条件,另一方面多脉冲转换器能减少压力波衰减,并可避免压力波反射对扫气的干扰。图 2-25 所示是多脉冲转换器的结构,它把几个脉冲支管(图中是 3 个缸共用一根排气脉冲支管,一共 3 根脉冲支管)合成一束,铸成一个花瓣形多孔渐缩锥形管,并与带喉口的排气管连接。由于各管来流基本平行,相互撞击损失小,动能最大可能地保留下来,并且各管相互之间的引射作用也可以设计得大些,压缩波的相互干扰也可减小。

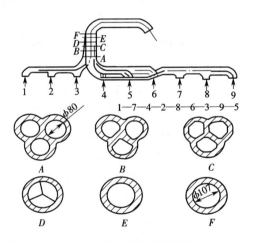

图 2-25　多脉冲转换器结构

脉冲转换系统在涡轮喷嘴处反射的是正压力波(压缩波),通过增加排气管长度,可避免反射波对气缸扫气的干扰。但多脉冲转换器一般应用在 6 缸以上的发动机上,相继点火的两缸的间隔角一般小于 180°CA,这要求排气管设计得非常长,才能避免涡轮反射压力波的干扰,而实际上不能设计如此之长的排气管。因此,在多脉冲转换系统中,主要靠应用较大的涡轮喷嘴环出口截面面积,使正压力波几乎不反射。但是在保证正压力波尽量少反射的同时,喷嘴环出口截面不应过大,以免压力波波幅大幅下降,影响脉冲能量利用。多脉冲转换系统需要仔细进行排气管尺寸、喷嘴环面积、涡轮增压器之间的匹配工作。

4. MPC 系统

MPC 系统(Modular Pulse Converter System)又称组合脉冲系统,它的结构如图 2-26 所示,在每个气缸排气口上安装一个收缩型喷嘴管道,而排气总管只有一个。来自气缸的排气通过收缩性喷嘴提高速度,并将此速度传递给已在排气管中流动着的排气。这样,排气缸的高速气流对邻近气缸只会产生引射作用而不会产生干扰。在排气总管中,混合的气流以接近等压的状态进入涡轮,涡轮的工作效率高。MPC 系统既能充分利用排气脉冲能量,又能保持较高的涡轮效率,适用于任意缸数的发动机增压。但 MPC 系统低速工况性能不够理想。

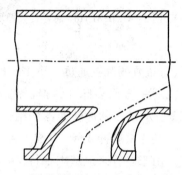

图 2-26　MPC 系统结构

5. 定压系统

如果排气总管的容积足够大,涡轮前的压力基本恒定,MPC 系统就转化成了定压系统。在定压系统中,排气支管直接与总管相连,而不借助收缩性喷嘴管道。定压系统基本不利用排气脉冲能量,具有较高的涡轮效率。随着增压压力提高,各类脉冲系统在排气脉动能量利用方面的收益会逐渐减小,当增压压力大于 0.25 MPa 后,各类脉冲系统的效果不再明显,这时采用定压系统可获得较高的涡轮效率。

排气涡轮增压主要利用排气压力能驱动涡轮,而低速时排气压力能所占比例很小,所以排气涡轮增压低速性能很差。由于排气涡轮增压系统必须与发动机排气系统相连,就不可避免地会增加发动机的排气背压。利用排气热能驱动涡轮的蒸汽增压系统不仅可以克服排气涡轮增压器的这些缺点,而且由于排气含有高比例的热能,更有利于排气能的回收和利用。

如图 2-27 所示,蒸汽增压系统由泵、热交换器、阀、涡轮、冷凝器、压气机、中冷器组成。在蒸汽增压系统中,排气不是通过涡轮,而是通过热交换器。热交换器利用排气作为热源,将水加热成蒸汽,利用蒸汽驱动涡轮,涡轮带动压气机实现进气增压。排气通过热交换器的阻力大大小于通过涡轮的阻力,从而减小了发动机排气背压。因为蒸汽压力流率独立于排气系统,所以相比排气增压系统,它能获得较好的低速性能。

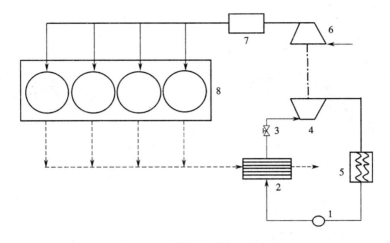

图 2-27　蒸汽增压系统工作原理

1—泵;2—热交换器;3—阀;4—涡轮;5—冷凝器;6—压气机;7—中冷器;8—内燃机

　　蒸汽的压力、温度、流率与发动机排气及工作循环没有直接关系,可以相对独立地进行优化。一般以蒸汽的温度、压力作为自变量,根据能量方程获得蒸汽流率。图 2-28 所示是一台汽油机蒸汽增压系统的蒸汽温度、压力和涡轮功率之间的关系,压气机实现进气压力(1.5 bar,且 1 bar = 0.1 MPa)所需要的功率也绘在图上。可以看到,在排气能量固定情况下,蒸汽温度、压力越高,涡轮输出的有效功率越高;即使在很低的转速下,蒸汽涡轮增压系统中的涡轮也能够产生远高于压气机所需要的功率。

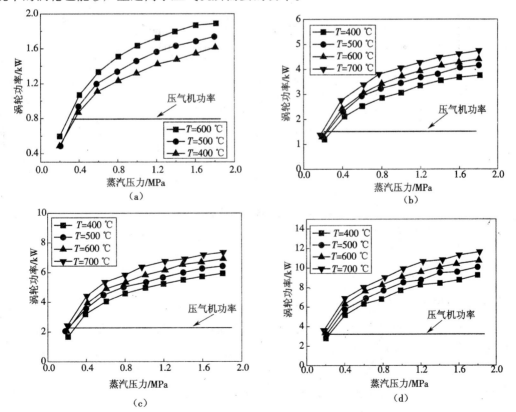

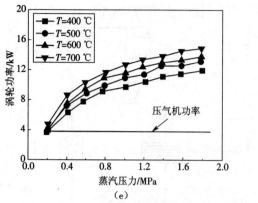
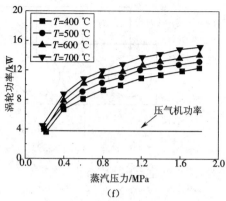

图2-28　蒸汽涡轮增压系统输出功率与蒸汽温度、压力的关系

(a)1 000 r/min　　(b)2 000 r/min　　(c)3 000 r/min

(d)4 000 r/min　　(e)5 000 r/min　　(f)5 200 r/min

图2-29 所示蒸汽辅助涡轮增压(Steam-assisted Turbocharging，SAT)系统是由排气增压系统和一个开放式蒸汽增压系统组成，热交换器产生的蒸汽引入涡轮，增加进入涡轮的气体流量。这种蒸汽辅助涡轮增压系统主要通过增加涡轮的流量来提高涡轮效率和输出功率，改善发动机低速时的增压性能。蒸汽涡轮增压系统的经济性好，具有最大的排气能量再利用潜力，而蒸汽辅助增压系统的优势主要体现在动力性能方面。

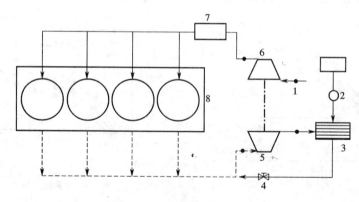

图2-29　蒸汽辅助涡轮增压系统

1—水箱；2—泵；3—热交换器；4—阀；5—涡轮；6—压气机；7—中冷器；8—内燃机

2.7.3　蒸汽涡轮增压与排气涡轮增压的比较

傅建勤等针对一台直列四缸自然吸气汽油机在满负荷、全转速(1 000 ~ 5 200 r/min)、进气增压压力1.5 bar条件下，对比分析了蒸汽涡轮增压(ST)、排气涡轮增压(ET)以及蒸汽辅助涡轮增压(SAT)系统的增压性能。其中，蒸汽压力为5 bar，蒸汽温度设置为500 ℃。

由图2-30可以看到，蒸汽涡轮增压系统在全转速范围内均能保证进气压力的目标值；而排气涡轮增压系统当转速高于2 000 r/min时，进气压力可以达到1.5 bar，当转速小于2 000 r/min时，由于发动机排气量、排气压力降低，涡轮效率和功率下降，进气压力无法达到预期目标值;在低转速范围内,采用蒸汽辅助涡轮增压系统可有效改善进气状态。由于进气压力在低速区改善,所以蒸汽涡轮增压系统对充气效率的改善仅在低速区;在高速区,进气压力相同,充气效率差别不大,如图 2-31 所示。

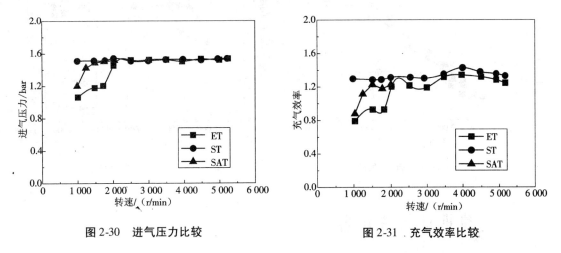

图 2-30　进气压力比较　　　　　　　　　　图 2-31　充气效率比较

如图 2-32 所示,相对于排气涡轮增压,蒸汽涡轮增压具有较低的发动机排气背压(Exhaust Pressure),特别是当转速高于 2 000 r/min 时,这种特性越发明显。排气背压降低使正的泵气功增大,速度越高,背压下降越多,泵气功增大越明显,如图 2-33 所示。

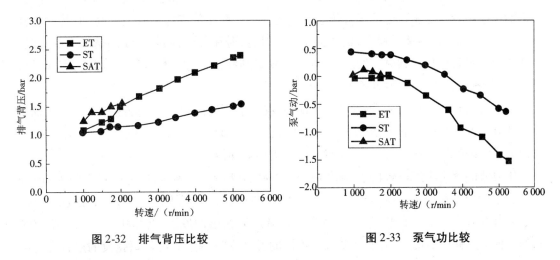

图 2-32　排气背压比较　　　　　　　　　　图 2-33　泵气功比较

由于进气压力和充气效率差别不大,三种增压系统的平均指示有效功率差别也不大,如图 2-34 所示;由于蒸汽增压系统泵气功增大,因此平均制动有效压力提高,如图 2-35 所示。

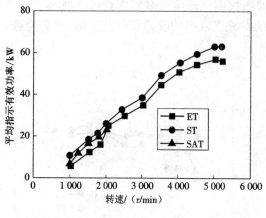

图 2-34　平均指示有效功率比较

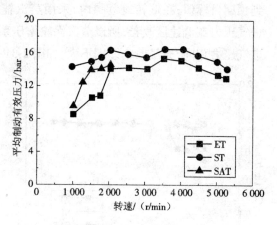

图 2-35　平均制动有效压力比较

2.8　发动机排气消声器

2.8.1　声音的概念

声波不能在真空中传播,只能在可压缩介质中传播。气体、液体和固体都是可压缩的,故都能传播声音。这里讨论的声音传播介质是气体。静止的气体一旦发生扰动,扰动就开始在气体中传播,在传播过程中,扰动会发生反射、折射和衰减,如果扰动到达了人的耳膜,会使人的耳膜发生振动,此振动经过内耳小骨到达脑髓,这就是听觉现象。因此,声音是可压缩介质围绕其平衡位置振动而产生的小扰动波。

声波有两种基本传播方式:平面波和球面波。平面波沿单一方向传播,扰动量在垂直于传播方向任意平面所有各点均相等。球面波具有不断膨胀球面的形式。在等断面排气管内形成的波接近平面波,在排气口发出的波近似球面波。

压力波的频率决定声音的音调,频率越高,则音调越高。例如中音 C 的音调为 261.6 Hz。音乐的声音是由正弦波组成的,但不是纯粹的正弦波,而是不同正弦波(谐音)的重叠。乐器的谐音频率为基频的整倍数,这就是其声音给人快感的原因,音乐中谐音部分决定了它的音色。不同乐器谐音不同,因此具有不同的音色或“声音”。纯粹正弦波的声音称为纯音,实际声音多为具有基本频率的基音和少量倍基频的谐音合成的复合音。复合音的成分比例决定音色。

排气噪声的基频为排气口开启的频率,它随发动机转速升高而升高。转速为 1 000 r/min 的单缸四冲程发动机的基频为 $1\ 000/2/60 \approx 8.3$ Hz,这样低的频率难以视为具有音乐感的音调,低音提琴的最低弦振动频率约为 41 Hz。转速为 8 000 r/min 的四缸四冲程发动机的基频为 $4 \times 8\ 000/2/60 \approx 266.7$ Hz,音调接近于中音 C。

发动机有三个主要噪声源:进排气噪声、燃烧噪声和机械噪声。这里仅讨论进排气管系统由于压力波动所引起的噪声。安装消声器一方面可以降低声音的强度,另一方面可以过滤若干频率噪声,获得不同的谐音谱,从而改变音色。在某种程度上,消声器可作为独立单元来讨论,但它一旦装上之后,就成为整个管路系统的一部分,必须考虑消声器所引起的附加反射波对气门处波形的影响。

人们对于高频以及高频成分较多的音色有不快之感,排气管中产生的"嘣啪"声就是高频波产生的。一般简单消声器只消除一些高频波就能使声音较为人耳所接受。

2.8.2　声强和响度

声强 I 定义为声波在垂直于声音传播方向上单位面积内所携带的能量,单位为 W/m^2。有效声压 δp 定义为压力波动对平均值偏差的均方根值。两者关系为

$$I = (\delta p)^2/(\rho a)$$

仪器所能测到的是有效声压,声强只能通过计算获得。正常人耳刚能听到的有效声压称为听阈压,其值为 2×10^{-5} Pa;刚使人耳产生疼痛感觉的声压称为痛阈压,其值为 20 Pa。从听阈到痛阈,声压的绝对值之比是 $1:10^6$,即相差近一百万倍,则用声压表示声音强弱很不方便。声音频率在 $500 \sim 5\,000$ Hz 范围内,人耳对声强的主观反应大体上成对数关系,换句话说,判别听觉的等量变化是由于声强等倍递增的缘故。因此,人们用一个成倍比关系的对数量级来表示声音强弱,即用声压级和声强级来表示。

与给定的绝对声强 I 相对应的声强级 L_I 定义为以 I_0 为基数的分贝数,即

$$L_I = 10\lg(I/I_0)$$

式中: I_0 为选定的参考声强。声强级的单位为分贝,简写为 dB。

同理,声压级 L_p 定义为以 δp_0 为基数的分贝数,即

$$L_p = 10\lg[(\delta p)^2/(\delta p_0)^2]$$

如果选定的压力波动均方根参考级 δp_0 与 I_0 处于相同的参考条件,则对于自由场中的平面波或球面波,有 $L_p = L_I$。标准的参考压力一般选用听阈压,即 2×10^{-5} Pa。这样,声音频率在 $500 \sim 5\,000$ Hz 范围内的任一音调,分贝标度的等量步长产生几乎相等的听觉步长,符合人们的感觉反应。

假设一个听者处在距声源的适当距离,且四周无反射的环境中,接收两个频率不同的声波,按照能量相加的原则进行运算。由于对数关系,两个声源的声压级不能相加。

设两个声源对听者产生的声强级为 L_{I_1} 和 L_{I_2},则绝对声强

$$I_1 = I_0 \text{anti} \lg(L_{I_1}/10)$$

$$I_2 = I_0 \text{anti} \lg(L_{I_2}/10)$$

则合成绝对声强为 $I_R = I_1 + I_2$,因此合成声强级

$$L_{I_R} = 10\lg(I_R/I_0) = 10\lg[\text{anti} \lg(L_{I_1}/10) + \text{anti} \lg(L_{I_2}/10)]$$

对于两声源相等的简单情况,有

$$L_{I_R} = 10\lg(I_R/I_0) = 10\lg[2\text{anti} \lg(L_{I_1}/10)] = 10[\lg 2 + L_{I_1}/10] = L_{I_1} + 3.01$$

即声强相等的声源相加,合成声强级等于声强级增加 3.01 dB。

假定两个声源分别产生的声强级为 80 dB 和 70 dB,则合成后的声强级

$$L_{I_R} = 10\lg[\text{anti lg}(80/10) + \text{anti lg}(70/10)] = 10\lg(10^8 + 10^7) = 80.4 \text{ dB}$$

因此,声强级较小的声源对合成声强级影响不大。

只要频率各不相同,有许多声源一起作用而产生的合成声强级都可以这样计算。而频率相同的若干合成效应,不能按这种方法计算。

人耳对声音的感觉,不仅和声压有关,也和频率有关。人一般对高频声音反应灵敏,对低频声音反应迟钝,声压级相同而频率不同的声音听起来是不一样的。声压级只能表征声音在物理上的强弱,而不能表征人耳听到的强弱。于是引出一个响度的概念,其单位为昉(Phon)。取 1 000 Hz 的纯音作为基准音,凡是听起来同该纯音一样响的声音,其响度就与这个纯音相等,并等于这个纯音的声压级。按照这种方法就可以得到整个可听范围内纯音的响度。声强是描述声音的真实物理量,响度是人们对声音的主观评价。图 2-36 所示为国际标准化组织采用的等响度曲线。从该等响度曲线可以看到:

(1)人耳对 3 000 ~ 4 000 Hz 的声音最敏感,在这一频率范围内,同一声压级的响度最高;

(2)人耳对 1 000 Hz 以下的低频声音不敏感,表现在声压级高而响度低;

(3)声压级小且频率低的声音,声压级和响度差别很大;

(4)当声压级达到一定程度,如大于 100 dB 时,等响度曲线逐渐拉平,声音响度只取决于声压级,而与频率关系不大。

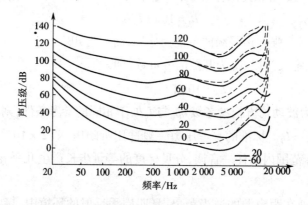

图 2-36　国际标准化组织采用的等响度曲线

各类噪声测量仪器是把声压变化转变为电压变化,再把电压变化适当放大到足以驱动某种指示器,所以噪声测量仪器实际测出的是声压级。为了较好反映感觉上的主观噪声级(响度),需要根据等响度曲线进行计权。一般仪器上装有计权电路,对不同频率下的声压级进行修正,使相应特性接近人耳特性。计权网格有 A、B、C 三种。计权网格 A 是模拟人耳对 40 Phon 纯音的响应,使中低频(1 000 Hz)以下部分较之高频部分有较大的衰减;计权网格 B 是模拟人耳对 70 Phon 纯音的响应,使中低频(1 000 Hz)以下部分较之高频部分有一定的衰减;计权网格 C 是模拟人耳对 100 Phon 纯音的响应,在可听频率范围内对声压级做近似平直的响应。A 计权针对低声压级,B 计权针对中声压级,C 计权针对高声压级。

发动机的噪声采用 A 计权网格评定。A 计权的全部特性如图 2-37 所示,A 计权使 50

Hz 噪声降低 30 dB, 100 Hz 噪声降低 19 dB,500 Hz 噪声降低 3 dB, 1 000 Hz 噪声无变化。

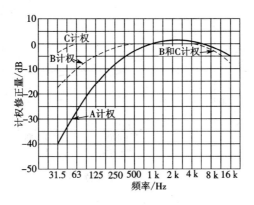

图 2-37　计权特性

2.8.3　噪声频谱特性

　　为合理设计消声器,需要详细测定可听频率范围内的声强级,即构成噪声的各组成部分。

　　可听频率范围为 20 ~ 20 000 Hz。为方便起见,常把宽广的声频范围分成几个频段,这就是常说的频带或频程。在噪声测量中常用的是倍频程和 1/3 倍频程。倍频程的中心频率为 31.5、63、125、250、500、1 000、2 000、4 000、8 000、16 000 Hz。倍频程中心频率 $f_{中}$ 与该频带上下限 $f_{上}$ 和 $f_{下}$ 的关系为 $f_{中} = \sqrt{f_{上}f_{下}}$。这样用 10 个倍频程就可以把可听频率全部表示出来,从而简化测量。为得到比倍频程更详细的频谱,可以使用 1/3 倍频程,即把一个倍频程再分成 3 份。

　　噪声测量仪器上的调谐回路可使选定频带内的频率通过,其他频率强烈衰减。噪声测量仪器以客观存在的声压为根据,并通过计权网格对测到的声压级进行修正,从而得到主观噪声级,使响应特性更接近人耳特性。噪声测量仪器指示数据为总噪声级(在测定频程范围内,根据能量叠加原理计算),是判别人耳能否接受的有效尺度。采用倍频程或 1/3 倍频程的测量数据,可在对数坐标图上绘出每个频程中心频率下的噪声级(声压级)(实际上是这个中心频率频程内的总噪声级),如图 2-38 所示。这样的图称为噪声谱图或噪声频谱特性图。噪声谱图往往将各个数据点用直线连接起来,以便于想象全貌,但这些连线并不表示噪声级变化的具体关系。

　　从噪声谱图可以看出主声源对应哪些频率,因此消声器应在这些频率范围内很有效。一个强的声源可以淹没所有其他较轻的声源,应特别注意消声前声谱中明显的波峰,这些波峰提高了总噪声级,因此消声的主要任务是消平噪声谱图中的波峰。

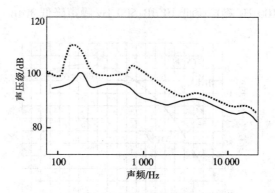

图 2-38　噪声频谱特性图

2.8.4　消声器设计

对于给定的发动机,在进气系统的进口和排气系统的出口将出现声波形式传播的压力变化。每个声源发出的总响度以及噪声谱在声频范围内的分布,取决于发动机转速和气门开度。排气噪声是排气管中压力波向大气放射而产生的。靠近排气口的端部,排气噪声可达到很高的声压级。进气噪声是由引起共振的空腔(气缸)引起的,它的声强可以高得惊人,噪声级与排气相当。当进气门突然关闭之后,进气管随之发生共振,仍会产生进气噪声。进气通道的任何锐边、节气门边缘的气流旋涡也会发出"咝咝"的高频声。

发动机的噪声主要是进排气噪声,当进排气噪声降低到 80 dB 左右(在 7.62 m 外)时,机械噪声才成为要考虑的因素。发动机安装消声器一方面降低总响度,另一方面消去一些令人讨厌的频率。消声器的作用是在压力波未传给大气之前将它改变,所以消声器会对发动机管系压力波动产生影响。此外,进排气管与消声器组合系统在某些频率下会发生共振,这些共振频率无阻碍地通过管系,使噪声谱图中出现峰值。良好的消声器应只有为数很少的次共振频率。消声器改变的是有限波,所以内燃机进排气消声方法建立在特征线法之上,目前已有很多这方面的计算软件。

消声器工作原理主要有两大类。一类为吸收式消声器(图 2-39(a)),也称阻式消声器,即用一些吸声材料按一定的方式在消声器内排列组合,将压力波动吸收掉,起到消声作用。这种消声器对刺耳的高频声波有突出的消声作用,而对低频声波消声效果差(当频率低于400 Hz 时,吸收式消声器效果不大),因此常用于涡轮增压器的进气消声,较少用于内燃机排气消声。另一类为滤波式消声器,又称抗式消声器,即通过管子形状局部改变,直接改变管中的压力波,把输入压力波的组成成分改变后再传向排气口。这种消声器具有良好的中低频消声性能,但消声频带窄。发动机排气噪声与发动机点火顺序密切相关,中低频噪声最为突出,因此内燃机排气消声常用抗式消声器。

常用的抗式消声器有扩张型、共振型、收口型和干涉型,如图 2-39(b)至(e)所示。扩张型消声器利用膨胀箱消声,它对某一窄频带的中低频噪声有较大的消声作用。把长度不同的两个或两个以上的扩张型消声器串联起来,便可在较宽的频带范围内取得良好效果。共振型消声器具有单独的小密封室,通过侧向小管或分布小孔与管道连接,它对某特定频带噪声有明显的消声作用。在共振箱内填充阻尼材料,可以加宽共振箱共振吸收频带,并使其对大振幅波的效果更好。侧置共振箱式消声器最吸引人之处在于,当气流经过主管道时流动不受阻挡,因此很适合作为进气消声。侧置共振箱对小振幅波(声波)已有较多应用实践,对发动机大振幅波(有限波),特别是当频率改变时(如温度变化引起),效果不尽如人意。侧置共振箱吸收频率随主管道流速增大略有增大,同时消声效果变差。收口型消声器阻力较大。干涉型消声器要求压力波的波峰在反射途中正好与入射波的波谷相重合,让入射与反射通过交错相遇而互相作用,以便抵消达到某种程度。干涉型消声器只适用于减弱单频或频率范围较窄的声音,而且只有频率较低时才有好的消声效果。目前,膨胀箱与共振器组合是一种成功的设计方法。

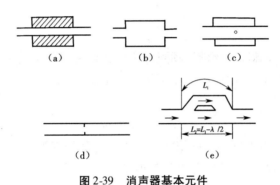

图 2-39　消声器基本元件

(a)吸收式　(b)扩张式　(c)共振式　(d)收口式　(e)干涉式

在管路系统安装消声器等于是对系统做了修改,因此系统整个波形随之改变。若要确切预测消声器对噪声的影响,需要考虑消声器和系统之间的相互作用。因此,消声器设计分两个阶段:第一阶段,根据发动机实测噪声谱,选择孤立的消声器;第二阶段,考虑消声器装入系统后的影响,对消声器进行改进。

所谓孤立的消声器,是指消声器一端不对声源产生影响(声源不受消声器反射影响),另一端不受出口影响(出口完全吸声,没有反射波回来,环境不对消声器产生任何影响)。这样一来,任意给定频率的平面波通过消声器后声强的降低仅与消声器设计有关,故消声器特性可用声压降低值与频率关系表示。如果压力波动与平均压力相比不太大,则在任意给定频率下的声强按某固定百分比降低,这就意味着声强降低与入射声强级无关。在此条件下,在给定频率下声强级的降低分贝数称为传递损失。消声器装入管路系统后,造成的声强级降低称为插入损失或装入损失。插入损失不等于传递损失,它是我们真正所需的。

2.8.5　排气消声器的安装

消声器的安装位置对压力波形有影响,所以对插入损失有影响。单个消声器安装在发动机与排气管出口中间最好,这样发动机和消声器之间的管道共振与消声器和排气出口之间的管道共振相互抵消,所以单个消声器放在排气出口处最不好。若要安装两个消声器,下游消声器安装在距离管道出口主要频率噪声的 1/3 波长处,上游消声器可安装在发动机与下游消声器的中点,更好的是安装在发动机到上游消声器的距离为上游消声器到下游消声器距离的2/9处。消声器到排气管出口这一段管道设计得细而长,有利于消声,但排气阻力增大。

安装消声器会引起压力损失。一般来说,进气一侧任意进气压力损失所引起的功率损失百分数将等于相对于大气压压降百分数。这就意味着进气压力每下降 1 kPa,功率就要下降1%左右。排气侧相同的压降(对应排气背压的升高)对四冲程发动机的影响为上述的1/8左右。对二冲程发动机的影响比较难以预测,但比四冲程的影响更为强烈。所以,在其他条件相同的情况下,选择较低的流动阻力。

管道加消声器系统的阻力损失由两部分组成:一是与管道壁面的摩擦损失,二是在管道弯曲处、截面突变处的局部损失(涡流损失)。这两部分阻力损失均正比于管道气流的平均动压头,即

$$q = \rho \bar{u}^2 / 2$$

在排气系统中,实际脉冲气流的流动阻力往往高于相同平均流速 $\bar{u}$ 条件下用稳定流速计算所得的阻力。通过整个系统气流的压降等于气流通过各个元件的压降之和。气流经过长度为 L、直径为 D 的直管的摩擦压降

$$\Delta p = 4f(L/D)q$$

一般取摩擦系数 $f = 0.004 \sim 0.007$,$90°$ 的弯头引起的局部损失约是 $0.25q$。消声器中常用的进出口方式及其引起的局部损失如图 2-40 所示。

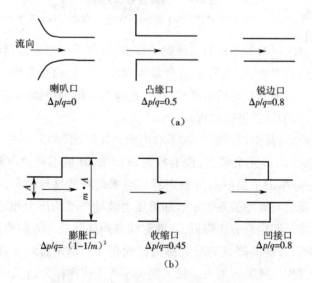

图 2-40　消声器设计中常遇到的局部损失

(a)管道进口压力损失　　(b)管道出口压力损失

在简单无凸缘连接的管道出口产生的局部损失近似为 q。管道截面突然膨胀到 m 倍时,出口压力局部损失

$$\Delta p/q = (1 - 1/m)^2$$

管道截面突然缩小为原来的 $1/m$ 时,出口压力局部损失

$$\Delta p/q = 0.45(凸缘接口) \quad 或 \quad \Delta p/q = 0.8(插入式接口)$$

扩张式消声器先膨胀、后收缩,局部压力损失(涡流损失)较大;侧置共振箱式消声器的压力损失大约与流过相同直径和长度的直管的压力损失相当。流过一般吸收式消声器的压降等于相同直径和长度管道的 2~5 倍,具体数字取决于支撑板的粗糙度。降低噪声往往引起性能下降(由于局部压力损失),所以噪声和性能必须联系在一起考虑。在设计消声器时,尽量通过改变压力波形改变噪声频率、降低噪声强度,从而实现不增加流动损失而降低噪声的目的。

2.9　发动机排气后处理装置

汽油机排放的有害物有 HC、CO、NO_x,后处理设备为三效催化转化器。柴油机除了与汽油机有相同的有害排放物外,还存在由固相碳烟和可溶性碳氢化合物组成的颗粒,所以柴油机的一个重要后处理设备是颗粒过滤器。柴油机是富氧燃烧,排气中氧气的含量很高,HC、CO 含量很低,不能采用与汽油机相同的方法来降低 NO_x 排放,必须采取独特的技术措施。

2.9.1　汽油机三效催化器

1. 三效催化器的基本结构和工作原理

三效催化器(Three-way Catalytic Converter,TWC)又称三效催化转化器,是目前轿车和轻型车(汽油发动机)的必备后处理装置。三效催化器基本结构包括壳体(shield)、垫层、载体(substrate)和催化剂(catalyst)四部分,如图 2-41 所示。

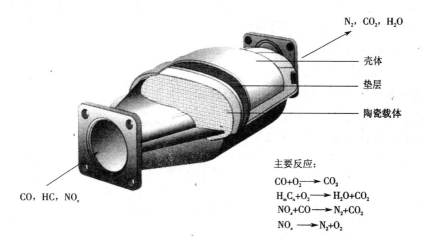

主要反应:
$$CO + O_2 \longrightarrow CO_2$$
$$H_mC_n + O_2 \longrightarrow H_2O + CO_2$$
$$NO_x + CO \longrightarrow N_2 + CO_2$$
$$NO_x \longrightarrow N_2 + O_2$$

图 2-41　陶瓷载体三效催化器基本结构

催化剂通常是催化活性组分和水洗涂层的合称。

壳体是三效催化器的支撑体,由不锈钢板材制成,主要起防护作用。

垫层一般由两部分组成,即绝缘层(insulation layer)和膨胀垫片(intumescent mat)。绝缘层用来隔绝载体与外界的热交换,这样一方面可以保持催化剂的温度,另一方面也可以防止因壳体炽热而引起外部火灾。膨胀垫片起密封作用。垫层主要起减震、缓解热应力、固定载体等作用。

载体承载活性组分,并提供气－固化学反应的界面。载体上分布着整齐排列的直通孔道,活性组分涂敷在孔道的内壁,排气通过这些孔道流动时,有害组分被氧化或还原。载体有整体式蜂窝陶瓷载体和金属载体两种。现在世界上车用三效催化器的90%是陶瓷载体。金属载体由波形金属薄板与平板金属片相互缠绕加工而成。金属载体热容低,催化剂起燃快,有良好的应用前景。

载体的空隙率和孔间壁厚是两个重要参数。小的空隙率有利于保证浸渍催化剂的表面积,而大的空隙率有利于降低流体阻力。大的孔间壁厚有利于提高载体强度,而小的孔间壁厚有利于降低载体热容和改善三效催化器的起燃特性。目前,广泛应用的陶瓷载体是空隙率为每平方英寸400孔(400 cell/in^2)、孔间壁厚为0.15 mm的堇青石陶瓷载体。

为了保证有足够的表面积用来浸渍催化活性组分,常在载体孔道的内壁涂敷一层多孔活性水洗层(wash-coating layer)形成涂层,而催化活性组分涂敷在涂层上。涂层增加了排气与载体通道的接触面积,从而提高了实际催化反应的表面积,例如空隙率为30% ~ 45%的载体(比表面积为0.1 ~ 2 m^2/g),经涂敷后,比表面积可达25 ~ 40 m^2/g。涂层材料应与载体有很好的粘合性,常选用氧化铝(γ – Al$_2$O$_3$)与其他氧化物的混合物。

涂敷在涂层表面的催化活性材料一般为贵金属,如铂(Pt)、铑(Rh)、钯(Pd),为了提高催化剂的活性、选择性和热稳定性,常常先在涂层上涂敷一些所谓的助催化剂。助催化剂一般为稀土材料,如铈(Ce)、钡(Ba)、镧(La)等,或贱金属,如铜(Cu)、铁(Fe)、铬(Cr)等。

汽油机排气进入三效催化器孔道后,有害物质不断在涂层被氧化或还原,直至出口有害物质浓度降到最低,如图2-42所示。有害物质经历的这一系列反应,发生在催化剂的表面,属于接触催化反应。它包括五个连续步骤:

(1)反应物向催化剂表面扩散;

(2)反应物在催化剂表面吸附;

(3)被吸附的反应物在催化剂表面进行反应;

(4)产物从催化剂表面脱附;

(5)产物离开催化剂表面并向催化剂周围介质扩散。

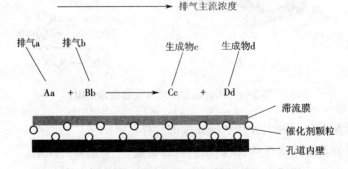

图2-42　气体主流与涂层之间质量、能量交换示意图

反应物或产物的扩散过程分两步进行：一是通过滞流膜的外扩散，二是在涂层内部（催化剂颗粒之间）的内扩散。滞流膜是附着在孔道内壁上处于层流状态的气体。反应物或产物必须通过内扩散才能达到或离开催化活性组分表面。车用整体式蜂窝陶瓷载体，涂层厚度通常只有几十微米，内扩散不起主要作用，整个扩散过程由外扩散控制。

催化剂的化学动力学特性是三效催化器性能的最关键影响因素。具有代表性的汽车催化剂的作用机理可用下述方程描述。

1）氧化反应（oxidation）

$$CO + 0.5O_2 \rightarrow CO_2$$

$$H_2 + 0.5O_2 \rightarrow H_2O$$

$$CH_4 + 2O_2 \rightarrow CO_2 + 2H_2O$$

$$C_3H_6 + 4.5O_2 \rightarrow 3CO_2 + 3H_2O$$

在上述反应中，H_2 的氧化反应与大量反应热有关。此外，三效催化剂的氧化机理将排气中总碳氢排放（T_{HC}）假定为具有代表性的两部分，即丙烯（C_3H_6）（约占 86%）和甲烷（CH_4）（约占 14%），其中丙烯（C_3H_6）代表碳氢中快速氧化部分，甲烷（CH_4）代表碳氢中慢速氧化部分。

2）还原反应（deoxidization）

$$CO + NO \rightarrow CO_2 + 0.5N_2$$

虽然氢气以及碳氢中的快速氧化部分也对 NO 有一定的还原作用，但最重要的还原反应是 NO 和 CO 的反应，一般以此作为还原反应的总代表。

3）蒸汽重整反应（steam reforming）

$$C_3H_6 + 3H_2O \rightarrow 3CO + 6H_2$$

该反应代表在催化剂铑（Rh）作用下，通过与水蒸气反应，大分子烃转化为 CO 和 H_2 的过程。

4）水煤气转换反应（water gas shift）

$$CO + H_2O \rightarrow CO_2 + H_2$$

该反应代表在铂（Pt）作用下，通过水煤气转化而消耗掉 CO 的过程。该反应机理只是在贵金属催化剂铂（Pt）、铑（Rh）、钯（Pd）作用下，且反应当量比为在 1 附近的某一固定值时才成立。在冷启动以及加速、减速等瞬态工况下，该反应机理不成立。

5）氧的储存与释放反应

将空燃比设定在某一固定值，对发动机操作和设计来说十分困难。典型的汽车闭环控制系统借助氧传感器来保持空燃比的计量比。氧传感器信号的延迟性以及气流脉动引起的转化效率的不稳定性，会造成实际空燃比偏离设定的固定值，使催化剂交替处在贫氧和富氧状态。为使催化剂一直处在良好的工作状态，需要借助涂层中的氧化铈保持排气中的氧含量稳定在一个固定值。

铈有 4 价（CeO_2）和 3 价（Ce_2O_3）两种氧化态，排气在贫氧和富氧之间交替变化时，CeO_2 和 Ce_2O_3 交替产生，即在富氧状态下吸附氧气，在贫氧状态下释放氧气。当前描述的氧化铈储氧机理仍然是现象学机理，一般采用如下的反应方程：

$$2CeO_2 \leftrightarrow Ce_2O_3 + 0.5O_2$$

上述 5 种类型的反应(8 个反应方程)组成当今三效催化器的化学机理模型。

采用稀薄燃烧技术的直喷汽油机虽与等当量比燃烧的排气成分类似,但还原性及氧化性成分的相对含量不同,因而两者后处理技术存在明显不同。柴油机是在高空燃比的稀薄条件下运行的,与汽油机稀薄燃烧后处理问题具有类似性。

2. 三效催化器内的流动方程

三效催化器中气流马赫数(Mach Number)一般低于 0.05,可作为不可压缩流动处理。载体孔道长度方向尺寸远大于直径方向尺寸,因此孔道内的流动可作为一维流动处理,而载体外扩张管和收缩管内各方向尺寸相当,其中流动是三维流动。

扩张管和收缩管内流速较低,粘性耗散相对较小,化学反应以及与外界的热交换也可以忽略,因此流动方程可简化为

$$\frac{\partial(\rho_g u_i)}{\partial t} + \frac{\partial}{\partial x_j}(\rho_g u_i u_j) + \frac{\partial p}{\partial x_i} = \frac{\partial \tau_{ij}}{\partial x_i} \tag{2-34}$$

$$\frac{\partial T_g}{\partial t} + u_j \frac{\partial T_g}{\partial x_j} = \frac{1}{\rho_g c_p^g} \frac{\partial}{\partial x_j}\left(\lambda_g \frac{\partial T_g}{\partial x_j}\right) \tag{2-35}$$

$$\frac{\partial C_g^i}{\partial t} + u_j \frac{\partial C_g^i}{\partial x_j} = \frac{\partial}{\partial x_j}\left(D_c^i \frac{\partial C_g^i}{\partial x_j}\right) \tag{2-36}$$

式中:下标 i, j 表示坐标,上标 i 表示组分序号,D_c 表示组分传质系数,C_g 表示气体中组分,T_g 表示气体温度,u 表示气体速度,p 表示压力,ρ_g 表示气体密度。扩张管和收缩管内湍流流动采用代数应力模型就可以得到理想结果。

对于孔道内的流动则要考虑与孔道壁面涂层间的摩擦、热交换和质量交换,有

$$\frac{\partial(\rho_g u \varepsilon)}{\partial t} + \frac{\partial}{\partial x}(\rho_g u u \varepsilon) + \frac{\partial(\varepsilon p)}{\partial x_i} = C_f \rho u |u| \tag{2-37}$$

$$\frac{\partial T_g}{\partial t} + u \frac{\partial T_g}{\partial x} = \frac{1}{\rho_g c_p^g} \frac{\partial}{\partial x}\left(\lambda_g \frac{\partial T_g}{\partial x}\right) + \frac{hS(T_s - T_g)}{\varepsilon} \tag{2-38}$$

$$\frac{\partial C_g^i}{\partial t} + u \frac{\partial C_g^i}{\partial x} = \frac{\partial}{\partial x_j}\left(D_c^i \frac{\partial C_g^i}{\partial x_j}\right) - K_m^i \frac{S}{\varepsilon}(C_g^i - C_s^i) \tag{2-39}$$

式中:摩擦系数 C_f 假定为孔道内充分发展的层流流动雷诺数(Reynolds Number)的函数,传热系数 h 和传质系数 K_m 根据管道内稳态层流流动的 Nusselt 准数和 Sherwood 准数获得,ε 为载体孔隙率。

假定涂层内的气体温度与催化剂颗粒温度、载体温度 T_s 相同,催化剂表面的吸附和解吸速率远大于反应速率和传质、传热速率。涂层内气体温度和浓度采用下述方程:

$$(1-\varepsilon)\rho_s c_p^s \frac{\partial T_s}{\partial t} = (1-\varepsilon)\lambda_{sx} \frac{\partial^2 T_s}{\partial x^2} + (1-\varepsilon)\lambda_{sr} \frac{1}{r} \frac{\partial}{\partial r}\left(r \frac{\partial T_s}{\partial r}\right) + hS(T_g - T_s) +$$

$$a^k(x) \sum (-\Delta H) k R^k(\bar{C}_s^i, T_s) - h_\infty S_{ext}(T_s - T_\infty) \tag{2-40}$$

$$\varepsilon_s \frac{\partial C_s^i}{\partial t} + \sum a^k(x) R^k(\bar{C}_s^i, T_s) = K_m^i S(C_g^i - C_s^i) \tag{2-41}$$

式中:C 表示反应物浓度;$\dot{C}_s^i$ 表示涂层中组分浓度组成的向量;c_p 表示等压比热;R^k 表示反应方程(k)的反应速率;($-\Delta H$)表示燃烧热;T 表示温度;t 表示时间;K_m 表示传质系数;h 表示传热系数;λ 表示导热系数;ε 表示载体的空隙率;S 表示载体比表面积;α 表示催化剂比表面积,与反应方程(k)有关,如果催化剂分布不均匀,则它还是位置(x)的函数;u 表示气流速度;ρ 表示密度;x 表示沿流动方向坐标;r 表示沿载体半径方向坐标;上标 i 表示反应组分序号;上标 k 表示反应序号;角标 g 表示气体;角标 s 表示载体;角标 ext 表示载体外部;角标 ∞ 表示外界;ε_s 表示载体中固体部分的体积分数。

3. 三效催化器内的流动不均匀性及对起燃过程的影响

Chakravarthy 等在二维笛卡儿坐标系中对图 2-43 所示的催化转化器进行了模拟。催化转化器扩张段的膨胀比为 3,进口锥角为 38.66°,计算条件是催化转化器初始温度 300 K,催化剂起燃温度 670 K,入流气体温度 600 K,流量恒定为 $\rho_0 u_0 = 11.62$ kg/(m² · s)。

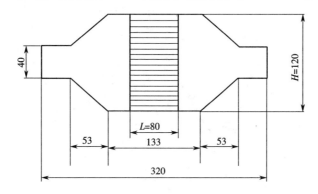

图 2-43　催化转化器基本形状

如图 2-44 所示,由于扩张管的膨胀作用,在扩展管壁面附近会出现回流区,由于载体孔道内速度不能为负,所以回流区的流速也不能为负。这样,由回流作用引向扩张段壁面的流体将与沿扩张段壁面流动的气体一起挤进载体边缘的孔道内。另外,载体中心部分正对来流,因此载体中心和边缘部分流速较高,而介于这两个部分之间的区域,由于回流作用引导流体流向边缘,流动方向和孔道轴向方向几乎垂直,因而孔道内流速较低,载体内流动呈不均匀分布。

图 2-44　催化转化器内流动分布云图

流动分布的不均匀性是变化的,如图 2-45 所示。在早期阶段($t < 5$ s),载体温度远低于气体温度,流体流过载体时向载体传热。流速大的孔道内,热交换速率大,流体温度降低较大,粘性随之降低,流体流动阻力减小,导致流速大的孔道内的流速进一步增大,流动不均匀性达到最大。当 $t = 20 \sim 25$ s 时,高速孔道升温到 600 K,气固之间不再进行热传递,低流速区域载体温度仍然较低,孔道内气体仍然向载体传热,并继续被冷却,所以低速区域孔道内摩擦低、阻力小、流速升高。随后高速孔道由于化学反应放热,温度不断升高,气体被加热,粘度增大,摩擦阻力增大,进一步迫使气体流向低速区域通道。$t = 27.5$ s 时,高速孔道催化剂开始起燃,载体内温度分布如图 2-46 所示。低速孔道催化剂即将起燃时(如 $t = 30$ s),载体内流速分布最均匀。低速孔道催化剂起燃后($t = 30.5$ s),流动不均匀性又一次增加,此后整个载体内气体流动分布趋于稳定。全部孔道催化剂起燃后的载体内温度分布如图2-47所示。

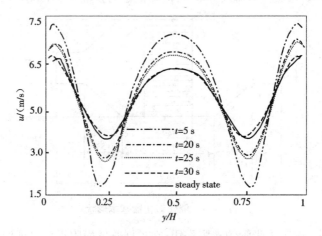

图 2-45　不同时刻载体横截面流速分布

("H"见图 2-43,为催化转化器高度)

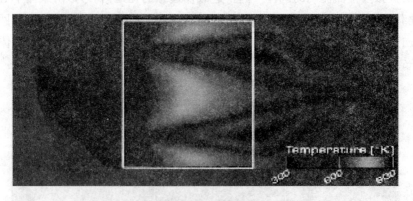

图 2-46　高速孔道催化剂起燃时载体内温度分布

如图 2-48 所示,低速孔道和高速孔道内的催化剂起燃过程存在差别。低速孔道不仅比高速孔道起燃晚(约晚 5 s),起燃位置也不同。相比高速孔道,低速孔道的起燃位置更靠近载体入口。由于气流温度 600 K 低于催化剂起燃温度 670 K,因此在催化剂起燃前,缓慢的

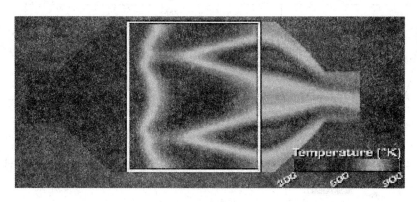

图 2-47　全部孔道催化剂起燃后载体内温度分布

化学放热一直在逐渐加热载体,同时反应热也传给气体并通过对流带到下游,从而加热下游载体。当下游载体温度升高,化学反应开始进行,载体又会将热量传给气体。载体的温度变化主要靠气体的对流热交换而不是载体内部的热传导。低速孔道下游热量积累较慢,与高速孔道相比,起燃位置更靠近进口。

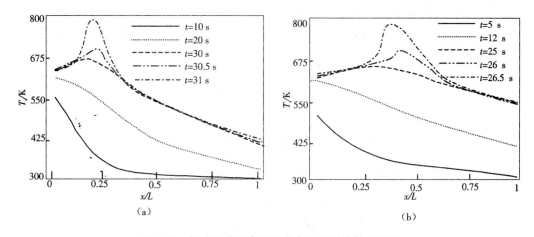

图 2-48　低速孔道和高速孔道内催化剂的起燃过程

(a)低速孔道　(b)高速孔道

("L"见图 2-43,为载体长度)

如图 2-49 所示,流体温度低于催化剂起燃温度时,提高催化转化器入口流速能够缩短起燃时间,同时起燃位置向载体出口方向移动。起燃时间虽然随流速增加而缩短,但它们之间不是线性关系而是渐进线关系,流速达到一定程度后,起燃时间不再改变。所以,在低流速情况下,第一个起燃孔道和最后一个起燃孔道的时间间隔较长;而在高流速情况下,这个时间间隔将缩短,并在减小到一定值后使低速孔道和高速孔道同时起燃。起燃位置与流速存在线性关系,随流速增大不断向载体出口方向移动,所以有可能因流速增大、停留时间不够,而降低有害物质转化效率。流速过低,又会引起催化剂起燃过程延长。因此,催化转化器内应有合适的流速。

图 2-50 所示是进入催化转化器的排气量相同时,气体温度从 600 K 提高到 650 K 后的

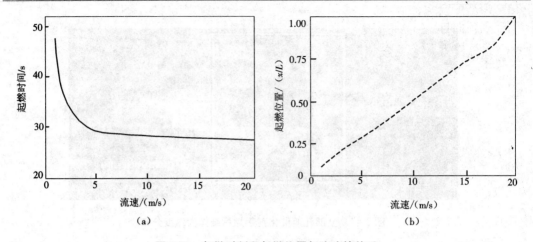

图 2-49 起燃时刻和起燃位置与流速的关系

(a)起燃时刻与流速   (b)起燃位置与流速

速度分布。同样可以看到,催化转化器内流速分布仍然是中心部分和边缘部分流速高,中心和边缘之间部分流速低,高速孔道催化剂先起燃,低速孔道催化剂即将起燃时流速分布最均匀。但是,气体温度高时起燃过程缩短(高速孔道在 7 s 起燃,低速孔道在 10 s 起燃),第一个孔道和最后一个孔道起燃时间差也缩短(缩短到 3 s),起燃位置更靠近载体进口,如图 2-51 所示。

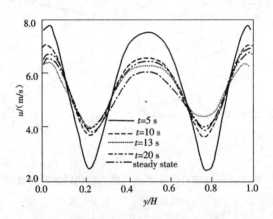

图 2-50 气温较高时催化转化器内的速度分布

气体温度低时,低速孔道催化剂起燃后,速度不均匀性会增大,但在气温高时并没发现这一现象。气体温度提高后,载体前段很快加热到起燃温度,但载体后段温度还很低,继续对来流冷却。所以,只有当载体后段温度升高后,流动不均匀性才开始扩大。气体温度高,虽然起燃早,但起燃后固体总体温度比较低,因此有害物质转化率也没有像低温流体那样在起燃后急剧增大。流体温度高,摩擦阻力的作用也更明显,高速孔道和低速孔道流动差别比较小,因此起燃位置也比较接近。摩擦阻力是影响载体内流动不均匀性的重要因素,凡是增加摩擦的因素,如提高流体速度和温度,均能使流动分布趋于均匀以及使第一个孔道和最后一个孔道起燃时间间隔缩短。

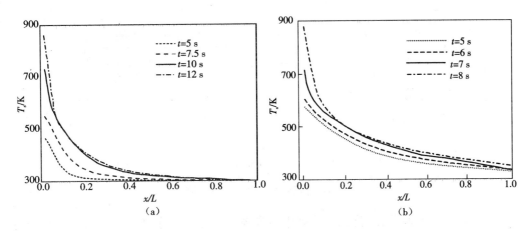

图 2-51　气温高时低速孔道和高速孔道内催化剂的起燃过程

(a)低速孔道　　(b)高速孔道

由于流速与压降存在密切关系,催化转化器内的压降分布与流速分布呈现类似的关系,如图 2-52 所示。虽然载体内压降分布随时间变化,而相对压降分布不随时间变化,即相对各自平均压降不随时间变化,如图 2-53 所示。

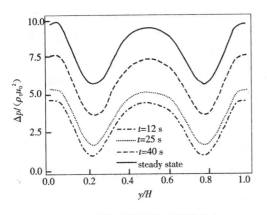

图 2-52　催化转化器内的压降分布

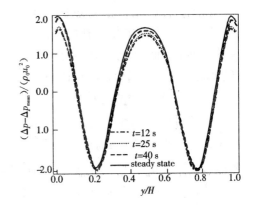

图 2-53　催化转化器内的相对压降分布

除气体温度、流速外,流动的不定常性、催化器扩张段和收缩段的锥角、载体结构参数等对载体内流动分布不均匀性也有重要影响。

2.9.2　柴油机后处理器中流动及相关理论分析

典型的柴油机后处理系统如图 2-54 所示,它能够消除碳氢(HC)、一氧化碳(CO)、颗粒(PM)及氮氧化物(NO_x)四种污染物。排气先通过柴油机氧化催化转化器(Diesel Oxidation Catalyst,DOC)消除 HC 和 CO,在吸收氧化反应热排气温度升高之后,进入颗粒过滤器(Diesel Particulate Filter,DPF)滤掉颗粒,从颗粒过滤器流出之后,再经过 $DeNO_x$ 消除氮氧化物,最后排入大气。

氧化催化转化器不能氧化固相碳烟(Soot),但可以氧化颗粒中的高沸点碳氢以及大部

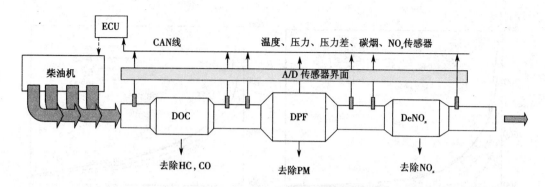

图 2-54　典型的柴油机后处理系统

分有机可溶性成分(SOF),净化目前法规中尚未限制的有害成分(如 PAH、乙醛等)。柴油机是富氧燃烧,排气中作为妨碍 NO_x 还原的氧的含量是汽油机的 30 倍,而作为还原反应不可缺少的还原剂(如碳氢和一氧化碳)仅为汽油机的 1/10。所以,降低汽油机 NO_x 排放的技术措施不适用于柴油机。从目前应用趋势来看,柴油机去除 NO_x 的方法有两个:一个是基于尿素的选择催化还原(Selective Catalytic Reduction,SCR)(将是重型柴油车的主流技术),另一个是稀燃 NO_x 捕捉(Lean NO_x Trap,LNT)和稀燃 NO_x 转换(Lean NO_x Converters,LNC)(将是乘用车的主流技术)。通过颗粒过滤器后,排气中的颗粒会沉积在过滤器内并积聚,增加排气阻力,因此必须及时清除,即过滤器再生。过滤器再生方法可分为断续加热再生和连续催化再生。断续加热再生是指过滤器每工作一段时间后,采用电加热或燃烧器加热的方法,使过滤器中碳烟燃烧而得以消除。目前,占统治地位的过滤器再生方法是连续催化再生,它可使碳烟在较低温度下催化分解从而达到自燃。

　　为了同时有效降低柴油机各种排放物,需要对燃烧过程、排气温度、排气成分以及后处理装置的性能实施在线监测与综合控制。新一代柴油机后处理装置不仅具有过滤分离、催化氧化、排气消声的综合功能,而且需要配备复杂和精确的控制系统。为了节省空间和成本,在同一个载体上综合各种不同功能也是一种趋势。

　　1. 柴油机颗粒过滤器及其流动过滤特性

　　柴油机颗粒过滤器载体较多采用壁流式蜂窝陶瓷载体,它典型的结构参数为孔密度 100 cell/in^2、孔边长 2.28 mm、孔间壁厚 0.432 mm、空隙率 48%。壁流式蜂窝陶瓷载体(图 2-55)与三效催化转化器的载体外形相似,但它们有着本质区别。壁流式蜂窝陶瓷载体的孔道直径和孔间壁厚均大,而且孔间壁面是多孔陶瓷,每相邻的两个孔道中,一个孔道的出口被堵住,另一个孔道的进口被堵住,排气由入流孔道进入,穿过多孔陶瓷壁面进入相邻的出流孔道,并由出流孔道流出,如图 2-56 所示。当流体穿过陶瓷壁面时,颗粒在壁面沉积,过滤主要发生在载体孔道的壁面。

　　过滤器性能受排气流动参数和载体几何参数的影响。一个新的过滤器,起初一段时间,碳烟颗粒会进入壁面内部并被拦截(壁面的技术特性也会随之发生变化),这种被捕集颗粒聚集在介质内部的过程称为体积型过滤或深层过滤,如图 2-57 所示。当滤饼开始在入流孔道壁面建立时,颗粒开始在过滤介质表面聚集,过滤过程就变为表面过滤,如图 2-58 所

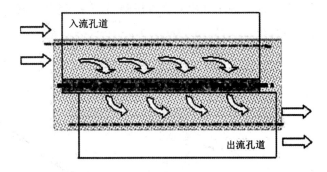

图 2-55　壁流式蜂窝陶瓷载体　　　　图 2-56　排气在壁流式蜂窝陶瓷载体内的流动

示。表面过滤和深层过滤是两个不同的过滤机理。深层过滤时间较短,大多研究都是集中在表面过滤。颗粒在孔道壁面沉积厚度的分布情况对孔道内流场和过滤器再生过程都有影响。

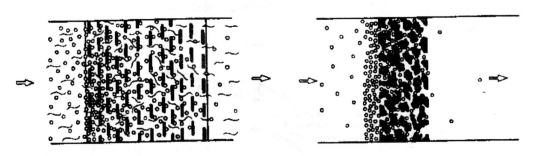

图 2-57　深层过滤机理示意图　　　　　图 2-58　表面过滤机理示意图

过滤器壁面(过滤介质)的技术特性主要有截留能力、过滤效率和渗透性。截留能力是指介质所能截留的最小微粒的尺寸,截留能力的大小与介质的空隙率及其分布有关。过滤效率是指过滤器截留的颗粒量占排气中颗粒总量的百分比。过滤介质的渗透性反映了介质对气流运动的阻力,由达西(Darcy)方程定义。

流体通过过滤体时的压降是排气流动特性(温度、流速、碳烟含量)与过滤器几何特性(长度、直径、孔密度、壁厚、渗透性和载体长度)耦合作用的结果,它包括进出过滤体由于截面突变引起的阻力损失、通过孔道的流动损失以及通过过滤壁面的流动损失三部分。

通过过滤壁面的流动阻力由壁面的 Darcy 渗透率 k 和 Forchheimer 系数 β 决定:

$$\Delta P_{\text{wall}} = \frac{\mu}{k}\mu_w w_s + \beta\rho\mu_w^2 w_s$$

一般只有在过滤速度很高的情况下才考虑 Forchheimer 项的影响,对于壁流式蜂窝陶瓷载体可认为 $\beta = 0$。

随着颗粒在过滤壁面的沉积,流动阻力会不断改变。图 2-59 所示是通过实验和计算得到的某一过滤壁面的压降与沉积颗粒质量之间的关系。起初随沉积颗粒质量增加,流体通过过滤壁面的压降随滤饼质量线性增加;当压降增加到 180 mbar 时,初期松散的滤饼开始压实,孔隙率减小,气体可压缩性影响显现,压降和沉积颗粒质量的关系开始偏离原来的直线关系。这时的压降称为临界压降,临界压降之后滤饼进入压实阶段。临界压降的大小还与颗粒大小有关,如图 2-60 所示。

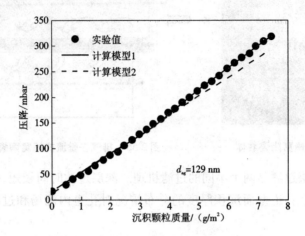

图 2-59　压降与沉积颗粒质量之间的关系

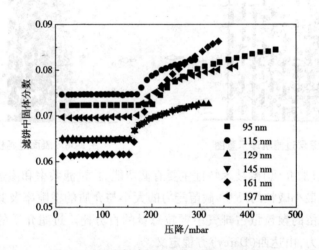

图 2-60　压降与滤饼中固体分数之间的关系

　　流体流入或流出载体时,由于截面突变引起的流动损失受孔道密度、孔道尺寸(孔道面积、壁厚)、颗粒沉积量的影响。图 2-61 所示是截面突变阻力系数 ζ 与截面孔口面积分数(Open Area Fraction)、孔密度(cell/in²,单位平方英寸的孔数)、颗粒沉积量(厚度,μm)之间的关系。图 2-62 所示是孔道封堵长度(Plug Length,mm)对截面突变阻力系数 ζ 的影响。截面孔口面积分数是载体一端开口孔道面积占载体横截面面积的分数。在图 2-61 和图 2-62 中,孔道内流动雷诺数为 1 800,过滤壁面和滤饼的渗透率分别为 1×10^{-12} m² 和 3.3×10^{-13} m²,载体长度为 150 mm。

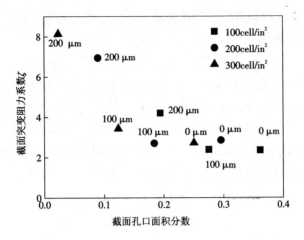

图 2-61　截面突变阻力系数 ζ 与截面孔口面积分数、孔密度、颗粒沉积量之间的关系

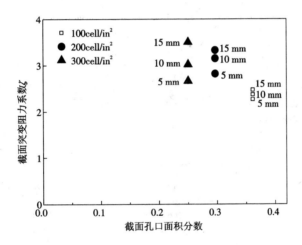

图 2-62　孔道封堵长度对截面突变阻力系数 ζ 的影响

2. 柴油机颗粒过滤器内的流动过程

碳烟颗粒的沉积过程受孔道内流场的影响,同时也影响通道内流场,因为随着颗粒不断沉积,流动阻力也在不断发生变化。颗粒在过滤器中的沉积过程可采用多孔介质材料中的流动守恒方程描述,即对于多孔介质微元,在标准 Navier-Stokes 方程中添加体积源项:

$$\frac{\partial \rho \vec{\mu}}{\partial t} + \nabla \cdot (\rho \vec{\mu} \cdot \vec{\mu}) = -\nabla \rho - A_0 \nabla \cdot \left(\frac{2}{3}\rho \kappa\right) + \nabla \cdot \vec{\sigma} + \vec{f} + \rho \vec{g} + \vec{s} \qquad (2\text{-}42)$$

其中

$$\vec{s} = \nabla \cdot (\vec{\delta'}) \quad \vec{\delta'} = -\frac{\mu \cdot \vec{\omega_s}}{\vec{\kappa_p}} \vec{\mu} + \frac{1}{2}\beta \rho \vec{\mu}^2$$

孔道内的速度分布由进入过滤器的气体流量即空间速度(Space Velocity,SV)、孔道尺寸、排气中颗粒含量、过滤介质的渗透性决定。空间速度或简称空速的单位为 s^{-1},它是指单位时间流过载体的气体体积(标准状态)与载体容积之比。孔道内的速度分布是颗粒沉积过程的控制因素。

　　图 2-63 所示是不含颗粒的纯净气体在载体内的速度分布与空速的关系,横坐标表示距离入口端的当量长度(距离入口端的距离与孔道长度之比)。空速较低时,入流孔道内轴向速度沿孔道长度呈线性分布;空速提高,流动惯性作用增强,速度分布的线性减弱,在空速 $SV = 200$ s^{-1} 时,轴向速度在靠近入口一段几乎为恒值,而在靠近封闭端一段则呈急剧变化,如图 2-63(a)所示。当空速 SV 由 40 s^{-1} 增到 70 s^{-1} 时,入流孔道入口到中部一段的壁流速度降低,在靠近入流孔道封闭端一段,壁流速度增加,当 SV 增加到 200 s^{-1} 时,大部分流体将在入流孔道封闭端穿过壁面进入出流孔道,如图 2-63(b)所示。出流孔道流动分布与入口孔道速度分布、壁面流速分布相吻合,如图 2-63(c)所示。

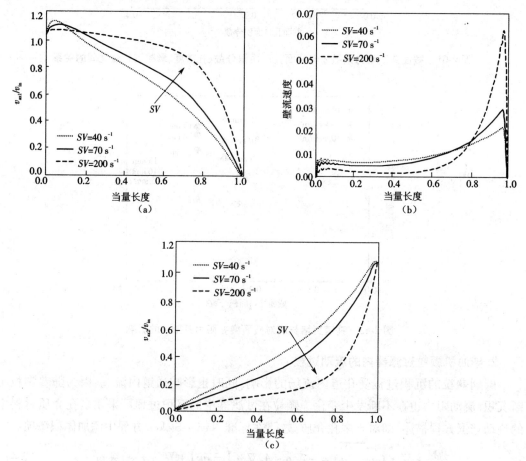

图 2-63　空速对孔道内速度分布的影响(渗透率 $k = 10^{-12}$ m^2)
(a)入流孔道流速 v_{ax1}(气体入口速度 v_{in})　(b)壁流速度　(c)出流孔道流速 v_{ax2}

　　图 2-64 是渗透率对孔道内速度分布的影响。渗透率低,介质阻力高,入流孔道速度分布线性较好;渗透率高,多孔介质阻力小,大部分流体在封闭端流出,速度分布非线性增强。

　　内燃机排气经过过滤器时,入流孔道内的 Stokes 数非常低,约为 10^{-7},颗粒和气体之间的相对运动可以忽略。对于一个新的过滤器,当短暂的深层过滤结束之后,颗粒沉积在孔道壁面形成滤饼,滤饼形状如图 2-65 所示。低渗透率时,单位长度入流孔道的阻力大,壁流

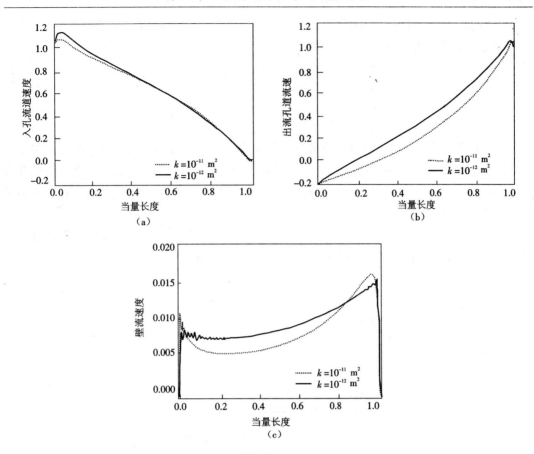

图 2-64　渗透率对载体内速度分布的影响($SV = 30\ s^{-1}$)

（a）入流孔道流速　（b）出流孔道流速　（c）壁流速度

速度沿孔道长度变化均匀，轴向速度沿长度线性分布，所以低渗透率时滤饼厚度相对高渗透率时均匀。空速增大，孔道内轴向流动非线性增强，壁流速度不均匀性增强，滤饼厚度不均匀性随之增强。

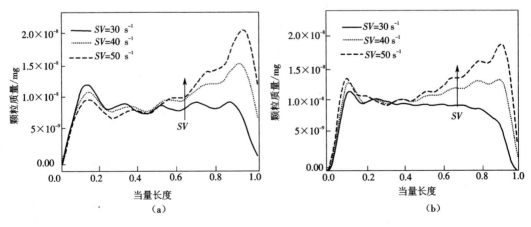

图 2-65　滤饼形状($t = 1\ s$，颗粒流率 $= 1.3 \times 10^{-2}\ g/s$)

（a）$k = 10^{-11} m^2$　（b）$k = 10^{-12} m^2$

　　过滤器入流孔道内的流动分布是影响滤饼形状的决定因素,为了对其进行评价,引用一个参数——分布准数 π,有

$$\pi = \left(n \sum_{i=1}^{n} q_i^2 \right)^{-1} \quad \frac{1}{n} \leqslant \pi \leqslant 1 \qquad (2\text{-}43)$$

式中: $q_i = e_i / \sum_{j=1}^{n} e_j, e_i \propto \bar{u}^2, n$ 为入流孔道流动单元数,i 为单元序号。

　　$\pi = 1$ 代表动能均匀分布的极端状态,$\pi = 0$ 代表动能分布的极端不均匀状态。对于过滤器,π 值高,表明沿入流孔道动能分布较为均匀,而沿入流孔道速度分布具有较强的非线性;π 值低,表明流动惯性影响可以忽略,轴向速度沿孔道长度线性变化,入流孔道内动能分布不均匀。

　　如图 2-66 所示,只有在高雷诺数时,π 才随渗透率增大而明显增大,同样只有在高渗透率时,π 才随雷诺数增大而明显增大。所以,π 也能够体现流动阻力的影响。

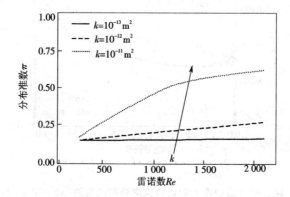

图 2-66　分布准数 π 与雷诺数 Re 和渗透率 k 的关系

　　如图 2-67 所示,π 较小,如小于 0.7 时,轴向速度基本呈线性分布;π 较大,如大于 0.8 时,轴向速度基本呈强非线性分布,而壁流速度不均匀性随 π 的增大急剧增强。所以,π 的大小也能反映流动惯性的影响。

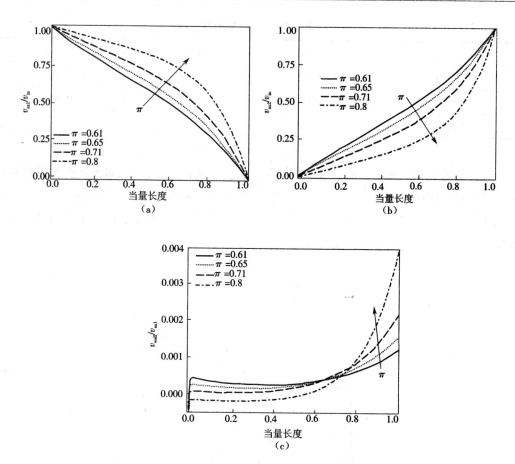

图 2-67　流速分布与分布准数 π 的关系
（a）入流孔道速度分布　（b）出流孔道速度分布　（c）壁流速度分布

　　分布准数 π 既能反映流动惯性的影响,也能反映流动阻力的影响,是过滤器相似性分析的重要参数,比雷诺数 Re 还重要。对表 2-1 中两个相似的过滤器,在表 2-2 所示的三种情况下进行计算,结果如图 2-68 所示。

表 2-1　两个相似过滤器的几何参数

	过滤器 1	过滤器 2
通道长度/mm	114	228
通道宽度/mm	2.28	4.56
通道厚度/mm	0.432	0.432
渗透率/m²	10^{-13}	10^{-13}

表 2-2　三种计算情况

	工况 A	工况 B	工况 C
雷诺数	600	600	1 000
分布准数	0.63	0.60	0.63
过滤器型号	1	2	2

以过滤器 1 和工况 A 为基准,相似过滤器 2 有两种工况 B 和 C,即入流孔道进口截面 $Re_B = Re_A$ 和入流孔道内 $\pi_C = \pi_A$。可以看到,即使在进口截面雷诺数不同的条件下,入流孔道内相同的分布准数也能得到相似性很好的结果。工况 C 和 B 之间的差别可以认为是非尺度量粗糙度 ξ 和渗透率 k 引起的。

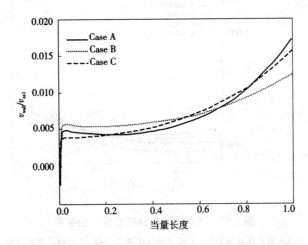

图 2-68　过滤器 1(实线)与过滤器 2(虚线)内流动比较

参考文献

[1]沈维道,郑佩芝,蒋淡安. 工程热力学[M]. 北京:高等教育出版社,1983.

[2]R. S. 本森. 内燃机的热力学和空气动力学[M]. 程宏,朱倩,邵明锋,译. 北京:机械工业出版社,1986.

[3]W. J. D. 安南德, G. E. 罗埃. 内燃机中的气体流动:动力、特性、环境污染管理与消减噪声[M]. 王景祐,徐守义,译. 北京:中国农业机械出版社,1981.

[4]Costall A W, McDavid R M, Martinez-Botas R F, et al. Pulse performance modeling of a twin entry turbocharger turbine under full and unequal admission, transactions of the ASME [J]. Journal of Turbomachinery, 2011, 133(4): 021005.

[5]Liu J P, Bingham J F. A study on the intake pressure wave actions and volumetric efficiency-speed characteristics of multi-cylinder engines[J]. Transactions of CSICE, 1997,15(2):138 –150.

[6]朱大鑫. 涡轮增压与涡轮增压器[M]. 北京:机械工业出版社,1992.

[7]刘敬平, 付建勤, 冯康, 等. 内燃机的排气能量流特性[J]. 中南大学学报:自然科学版, 2011, 42(11): 3370 – 3376.

[8]Fu J Q, Liu J P, Wang Y, et al. A comparative study on various turbocharging approaches based on IC engine exhaust gas energy recovery[J]. Applied Energy, 2014, 113: 248 – 257.

[9]王建昕, 傅立新, 黎维彬. 汽车排气污染治理及催化转化器[M]. 北京:化学工业出版社, 2000.

[10]Chakravarthy V K, Conklin J C, Daw C S, et al. Multi-dimensional simulations of cold-start transients ina catalytic converter under steady inflow conditions[J]. Applied Catalysis, A: General, 2003, 241: 289 – 306.

[11]Koltsakis G C, Konstantinidis P A, Stamatelos A M. Development and application range of mathematical models for 3-way catalytic converters[J]. Applied Catalysis, B: Environmental, 1997, 12: 161 – 191.

[12]Koltsakis G C, Stamatelos A M. Modeling dynamic phenomena in 3-way catalytic converters [J]. Chemical Engineering Science, 1999, 54: 4567 – 4578.

[13]陈晓玲, 张武高, 黄震. 车用催化转化器封装结构对其内部流动的影响[J]. 上海交通大学学报,2004, 38(7): 1205 – 1208.

[14]帅石金, 王建昕, 庄人隽. 车用催化转化器内气体的流动均匀性[J]. 清华大学学报:自然科学版, 2000, 40(5): 99 – 102.

[15]Piscaglia F, Rutland C J, Foster D E. Development of a CFD model to study the hydrodynamic characteristics and the soot deposition mechanism on the porous wall of a diesel particulate filter. SAE Technical Paper Series, 2005 – 01 – 0963.

[16]Konstandopoulos A G, Kostoglou M, Vlachos N, et al. Progress in diesel particulate filter simulation. SAE Technical Paper Series, 2005 – 01 – 0946.

第3章 缸内气流运动

在内燃机工作循环中,缸内气体充量进行着极其复杂而又强烈瞬变的湍流流动。这种湍流流动决定了各种量在缸内的输运及其空间分布,直接影响着可燃混合气形成、火焰传播、燃烧品质、缸壁传热及污染物形成。组织良好的缸内空气运动可以提高汽油机的火焰传播速率,降低燃烧循环变动,适应稀燃和层燃;同样还可以提高柴油机的燃油空气混合速率及燃烧速率。内燃机缸内流动受进气状态、工况和燃烧室结构等多种因素制约,不存在对各种发动机都通用的流动规律,甚至不同研究者所得结果不乏相互矛盾之处,内燃机缸内流动的很多问题还处于探索之中。

本章首先对湍流现象和湍流理论做概略介绍,在此基础上介绍缸内湍流的常用模型,最后讨论内燃机缸内湍流流动的一般特征。

3.1 湍流基础知识

3.1.1 湍流基本特征

层流和湍流(或称紊流)是两种不同的基本流态。当流动的特征雷诺数超过相应的临界值(通常有一定范围),流动就从层流转换到湍流。自然界和工程中的流动过程,化工系统中的传热、传质过程以及各种热力装置中的燃烧过程,绝大多数都是湍流过程。由于湍流机理的复杂性,自雷诺发现湍流现象100多年来,尽管人们持续不断地进行了大量的研究,但迄今仍然未能透析其本质,仍很难给湍流下一个确切的定义,通常只能根据湍流的一些重要特征来认识它。湍流具有如下基本特征。

1.湍流的涡团结构

湍流中充满了各种大小、不断旋转着的流体团块,称为旋涡(eddy),或更形象地称为涡团。随机性质的涡团结构是湍流的基本特征。在一定条件下,例如固体边界的阻碍或外部的扰动,而在流体内部形成涡团,这些涡团尺寸有大有小,往往大涡团中包含着小涡团,小涡团中又包含着更小的涡团,这些尺寸不同的涡团组成连续的涡团谱。

2.湍流是发生在大雷诺数下的流体运动

湍流起源于层流的不稳定性。在大雷诺数下,非线性惯性力的不稳定作用远远超过粘性力的稳定作用,这样才能发生从层流到湍流的转换。

3.湍流流动总是有旋的和三维的

湍流流场充满了大小不等且不断旋转的涡团,所以湍流流动是有旋的。涡团的惯性作用源于流场的不均匀性(速度梯度)对涡团连续拉伸,这种拉伸作用使涡团发生从大变小的所谓级联(cascade)过程,拉伸过程只能在三维条件下进行。因此,湍流流动是三维有旋流动,即使从宏观上看其时均流是二维的甚至是一维的,但其脉动结构仍是三维的。

4. 湍流具有极强的扩散性和耗散性

如同流体分子的无规则运动引起物质组分、动量和能量等各种物理量的扩散输运一样,涡团的无规则运动也引起这些量的扩散,而且其扩散性较之分子扩散性要强烈得多(可以大 3~4 个量级)。在各种燃烧装置中,之所以要提高流体流动的湍流度,正是为了利用其扩散性来实现燃料与空气的充分混合,以提高燃烧效率。另一方面,涡团要维持其运动,必须克服粘性力而做功,使湍流动能转变为流体的内能。因此,湍流需要不断补充能量来弥补其耗散的能量,否则湍流就不能维持而急剧衰减。平均流的速度梯度、浮力、离心力以及燃烧反应等是供给湍流动能的渠道。

5. 湍流具有连续性

分子运动是离散的,湍流流动则可视为是连续的。湍流涡团的最小尺度仍远远大于分子的运动尺度(平均自由程)。因此,可以用连续介质力学的方法来描述湍流流动。

6. 湍流是流动的属性而不是流体的属性

在雷诺数足够大的情况下,湍流的特征量与流体的物理性质几乎无关,而与流场特征如几何形状、边界条件等则有密切的关系。

7. 小尺度涡团的随机性和大尺度涡团的拟序性(coherence)

研究发现,小尺度涡团的运动具有很强的不规则性或随机性;大尺度涡团的运动并非完全随机,而是在空间上表现出一定程度的有序(拟序)性,时间上表现出一定的周期(间歇)性。因而湍流的无规则性在时间和空间上都是一种局部现象,即在湍流运动中同时存在着有序的大尺度涡团结构和无序的小尺度涡团结构。

总之,湍流是在时间和空间上都具有某种准周期性和连续性特征的半随机半有序的三维非定常有旋的大雷诺数流体运动。

3.1.2　湍流统计理论的若干基本概念

湍流研究分别沿着两个方向进行,形成了统计理论和半经验理论两大分支。统计理论采用统计学的方法,着重研究湍流的内部结构(即脉动结构)。由于湍流结构的高度复杂性,统计理论目前还主要局限于研究各向同性的均匀湍流这一最简单情况。半经验理论着眼于工程实际应用,根据实验资料对湍流结构(湍流脉动量)作出某些假设,此即所谓湍流的"模拟"。在此基础上研究平均流的运动规律和湍流脉动的各种效应(如湍流扩散)。从解决工程实际问题的角度来看,现阶段主要需借助半经验理论,这也正是本章的主要内容。但统计理论中的一些基本概念已经或者还在继续向半经验理论渗透、融合,因此先介绍湍流统计理论中的几个重要概念。

1. 描述湍流的统计平均法

随机变化的湍流瞬时值可以分解为统计平均值和脉动值。平均值可以用不同的平均方式得出。对宏观定常或准定常的湍流,一般采用时间平均;对空间上均匀的湍流,可以采用空间平均;而对既不定常又不均匀的湍流体系,则采用以在同样条件下的大量重复的实测数据为依据的系综平均。内燃机缸内湍流既不定常又不均匀,一般采用基于相同曲轴转角位置下从大量循环次数获取的相位平均。脉动值定义为湍流瞬时值对平均值的偏离。因此,湍流参数的瞬时值等于平均值与脉动值的线性叠加,此即湍流的雷诺分解。

为了书写简便,在本章中分别用大写字母 U 和 P 表示平均速度和压力,用小写字母 u 和 p 表示脉动速度和压力,而用 $\tilde{u}$ 和 $\tilde{p}$ 表示瞬时速度和压力,根据雷诺分解原则,有

$$\tilde{u} = U + u \qquad \tilde{p} = P + p$$

对于任意随机变量 $\tilde{f}$、$\tilde{g}$、$\tilde{l}$ 以及常数 c,统计平均法满足以下几个基本的雷诺平均法则,即

$$\bar{f} = 0 \qquad \bar{F} = F \qquad \overline{\tilde{f} + \tilde{g}} = \bar{\tilde{f}} + \bar{\tilde{g}} \qquad \overline{c\tilde{f}} = c\bar{\tilde{f}}$$

$$\overline{\lim \tilde{f}} = \lim \bar{\tilde{f}} \qquad \overline{\int \tilde{f} \mathrm{d}s} = \int \bar{\tilde{f}} \mathrm{d}s \qquad \overline{\left(\frac{\partial \tilde{f}}{\partial s}\right)} = \frac{\partial \bar{\tilde{f}}}{\partial s}$$

式中:字母上画一横线表示取雷诺平均。根据雷诺平均法则可以得到

$$\overline{\tilde{f}\tilde{g}} = \overline{(F+f)(G+g)} = FG + \overline{fg}$$

$$\overline{\tilde{f}\tilde{g}\tilde{l}} = FGL + F\overline{gl} + G\overline{fl} + L\overline{fg} + \overline{fgl}$$

$\overline{fg}$ 和 $\overline{fgl}$ 分别称为脉动量的二阶相关矩和三阶相关矩。它们通常都不等于零,其大小取决于两个或三个随机量之间互相关联的程度。由此可见,对非线性的随机量(两个或多个随机量的乘积)实施雷诺平均后,会产生新的未知量——脉动量的相关矩。湍流的起源正是在于控制方程中的非线性项。

由于脉动值的平均值为零,为了刻划湍流脉动的平均强度,一般采用脉动速度的均方根值表示,称为湍流度。则 α 方向的湍流度

$$u_{\alpha}' = \sqrt{\overline{u_{\alpha}^2}}$$

2. 湍流尺度

流场中某点的脉动量可以视为各种不同尺度(或不同频率)的涡团经过该点所造成的涨落。大尺度涡团频率低,小尺度涡团频率高。最大的涡团与固体边界或平均流场的宏观尺寸同阶,而最小的涡团则向分子无规则运动尺度的方向延伸。由于涡团的尺度是一个随机量,因此只能用统计学的方法借助相关系数的概念来定义湍流尺度。

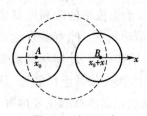

图 3-1　空间两点

考虑相隔固定距离的两空间点 A 和 B(图 3-1),如涡团平均尺度大,则两点经常处于同一涡团内,两点处物理量的脉动规律就很接近,用统计学的语言来说,两点脉动量的相关就大;如涡团平均尺度小,则两点经常分别处于两个涡团之中,两点脉动量的相关就小。因而空间相关系数能较好地反映涡团的平均尺度,于是可引入湍流长度积分尺度,或简称湍流尺度:

$$l_1 = \int_0^\infty f(x)\,\mathrm{d}x \qquad (3\text{-}1\mathrm{a})$$

式中:$f(x)$ 为湍流纵向自相关系数,其定义为

$$f(x) = \frac{\overline{u(x_0)u(x_0+x)}}{\sqrt{\overline{u^2(x_0)}}\,\sqrt{\overline{u^2(x_0+x)}}}$$

式中:x_0 和 $x_0 + x$ 分别为 A 和 B 两点的坐标,$u(x)$ 是与两点连线平行的脉动速度分量(图

3-2)。若 x 较小,即两点相距很近,则两点处于同一涡团的机会大,故两点的相关就大;若 x 大,两点处于同一涡团的机会就小,而处于不同涡团中的机会就大,故两点的相关就小。由图 3-3 可以看出,l_1 正是 $f(x)$ 曲线下面的面积,此面积的大小或 $f(x)$ 曲线的变化趋势取决于流场特性。于是,当两点距离小于或等于 l_1 时,认为两点落在同一个平均涡团内且是相关的,否则是不相关的。l_1 表示总体涡团(大尺度涡团)的平均大小。

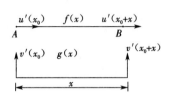

图 3-2　空间两点速度

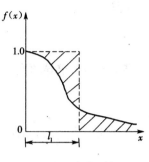

图 3-3　湍流尺度

同样,可定义两点横向自相关系数 $g(x)$,有

$$g(x) = \frac{\overline{v(x_0)v(x_0+x)}}{\sqrt{\overline{v^2(x_0)}}\sqrt{\overline{v^2(x_0+x)}}}$$

式中:$v(x)$ 是与两点连线垂直的速度分量(图 3-2)。根据两点横向自相关系数也可以定义一个湍流尺度:

$$l_1' = \int_0^\infty g(x)\mathrm{d}x \tag{3-1b}$$

它相应于普朗特理论中的混合长度,其物理意义是流体微团从一层跳入另一层,经过一段不与其他流体微团相碰撞的距离。

$f(x)$ 和 $g(x)$ 的典型曲线如图 3-4 所示,可以证明

$$l_1' = 0.5l_1 \tag{3-1c}$$

与此相似,可定义湍流积分时间尺度:

$$\tau_1 = \int_0^\infty f(t)\mathrm{d}t \tag{3-2}$$

式中:$f(t)$ 是同一空间点 (x_0) 不同时间脉动速度的欧拉时间自相关系数,有

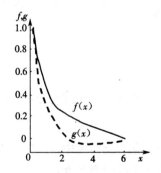

图 3-4　$f(x)$ 和 $g(x)$ 的典型曲线

$$f(t) = \frac{\overline{u(x_0,t_0)u(x_0,t+t_0)}}{\sqrt{\overline{u^2(x_0,t_0)}}\sqrt{\overline{u^2(x_0,t+t_0)}}}$$

τ_1 作为湍流平均时间尺度,表示总体涡团(大尺度涡团)脉动周期或寿命的平均大小。

利用相关系数还可引入微尺度的概念,以表示湍流场中小涡团的大小。以 $f(x)$ 为例,假设两点相距很近,即 x 为小量,将 $u(x_0+x)$ 在 x_0 处作泰勒展开,略去高阶项,则 $f(x)$ 为抛物线形式,即

$$f(x) = 1 - \frac{x^2}{2}\frac{1}{\overline{u^2}}\left(\overline{\frac{\partial u}{\partial x}}\right)^2_{x\to 0}$$

令

$$\frac{1}{l_\mathrm{T}^2} = \frac{1}{2\overline{u^2}}\left(\overline{\frac{\partial u}{\partial x}}\right)^2_{x\to 0} \tag{3-3}$$

于是

$$f(x) = 1 - \frac{x^2}{l_\mathrm{T}^2}$$

将上式对 x 求导两次,并整理得

$$\frac{1}{l_\mathrm{T}^2} = -\frac{1}{2}\left(\frac{\partial^2 f}{\partial x^2}\right)_{x\to 0}$$

根据曲率半径与导数的关系,在 $x=0$ 处,曲率半径

$$|r| = l_\mathrm{T}^2/2$$

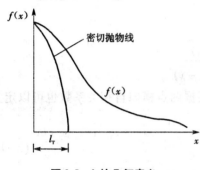

图 3-5 l_T 的几何意义

l_T 反映了相关系数 $f(x)$ 在 $x\to 0$ 附近的形态,几何上是曲线 $f(x)$ 在 $x=0$ 处的密切抛物线与 x 轴相交的截距,如图 3-5 所示。l_T 的大小取决于 $x=0$ 处的 $\left(\overline{\frac{\partial u}{\partial x}}\right)^2_{x\to 0}$ 值,该值由湍流场中微小涡团决定。所以,l_T 是小涡团的尺度,称为泰勒长度微尺度,它与湍流中能量的耗散有密切的关系。因为 l_T 是根据湍流纵向自相关系数 $f(x)$ 定义的,所以 l_T 又称为纵向泰勒长度微尺度,类似地可定义横向泰勒长度微尺度 l_T':

$$\frac{1}{l_\mathrm{T}'^2} = -\frac{1}{2}\left(\frac{\partial^2 g}{\partial x^2}\right)_{x\to 0}$$

根据进一步理论分析,在各向同性湍流中,有

$$l_\mathrm{T} = \sqrt{2}\,l_\mathrm{T}'$$

在燃烧研究中,往往不细加区别纵向和横向,统称为微尺度或泰勒微尺度。同样,可定义泰勒时间微尺度:

$$\frac{1}{\tau_\mathrm{T}^2} = \frac{1}{2\overline{u^2}}\left(\overline{\frac{\partial u}{\partial t}}\right)^2_{x\to 0}$$

对于均匀各向同性湍流,泰勒长度与时间微尺度通过湍流平均流速 U 相联系,即

$$l_\mathrm{T} = U\tau_\mathrm{T}$$

然而泰勒微尺度并不是湍流脉动结构中最小的尺度。湍流脉动结构中最小的尺度是直接与湍能转变为热能的耗散过程相联系的,称为柯尔莫戈洛夫(Kolmogorov)微尺度。借助量纲分析,柯尔莫戈洛夫长度微尺度 l_K 定义为

$$l_\mathrm{K} = (\gamma^3/\varepsilon)^{1/4}$$

式中:γ 是流体运动粘性系数($\mathrm{m^2/s}$),ε 是湍流动能的耗散率($\mathrm{m^2/s^3}$)。

相应的 Kolmogorov 时间微尺度定义为

$$\tau_{\mathrm{K}} = (\gamma/\varepsilon)^{1/2}$$

湍流动能耗散率、湍流度、积分尺度、泰勒微尺度与柯尔莫戈洛夫尺度存在如下关系:

$$\varepsilon = 30\gamma\,\overline{u^2}/l_{\mathrm{T}}^2 \qquad \varepsilon = \overline{u^{1/3}}/l_{\mathrm{I}}$$

$$l_{\mathrm{T}}^2/l_{\mathrm{I}} = C\gamma/u \qquad l_{\mathrm{T}}/l_{\mathrm{I}} = CRe^{-1/2} \qquad l_{\mathrm{K}}/l_{\mathrm{I}} = Re^{-3/4}$$

其中,C 为常数,Re 为流动的雷诺数。

在此估计一下柯尔莫戈洛夫长度微尺度的数量级。积分尺度通常认为与实验装置的特征尺寸为同一数量级,若取 $l_{\mathrm{I}} = 1.0 \times 10^{-1}\mathrm{m}$,$Re = 10^5$,则 $l_{\mathrm{T}} = 1.22 \times 10^{-2}\mathrm{m}$,$l_{\mathrm{K}} = 1.78 \times 10^{-5}\mathrm{m}$。

关于三种尺度的关系,Tenneks 提出了一个模型,如图 3-6 所示。l_{I} 是湍流大涡团的尺度,l_{K} 是微小涡管或发生粘性耗散的剪切层的尺度,而 l_{T} 则表示这些薄剪切层在空间延伸的尺度。

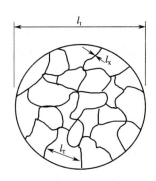

图 3-6　湍流涡团结构

3. 湍流动能及其耗散率

对瞬时流作雷诺分解,将瞬时流速度分解为平均流速度与脉动流速度之和,得到三种湍流动能,即瞬时流动能的平均值、平均流动能和脉动流动能的平均值。对单位质量流体而言,瞬时流动能为

$\dfrac{1}{2}(\tilde{u}_x^2 + \tilde{u}_y^2 + \tilde{u}_z^2) = \dfrac{1}{2}\tilde{u}_i^2$,此动能的平均值为 $\dfrac{1}{2}\overline{\tilde{u}_i^2}$;平均流动能为 $\dfrac{1}{2}(U_x^2 + U_y^2 + U_z^2) = \dfrac{1}{2}U_i^2$;脉动流动能为 $\dfrac{1}{2}(u_x^2 + u_y^2 + u_z^2) = \dfrac{1}{2}u_i^2$,脉动流动能的平均值称为湍能,一般用 k 表示,即

$$k = \frac{1}{2}(\overline{u_x^2} + \overline{u_y^2} + \overline{u_z^2}) = \frac{1}{2}\overline{u_i^2}$$

由于 $\tilde{u}_i = U_i + u_i$,因此

$$\frac{1}{2}\overline{\tilde{u}_i^2} = \frac{1}{2}U_i^2 + \frac{1}{2}\overline{u_i^2} \tag{3-4}$$

即湍流的总动能(瞬时流动能的平均值)等于平均流动能与湍能之和。

在不可压缩粘性流体中,由于分子粘性而引起的机械能(动能)耗散

$$D = 2\gamma S_{ij}S_{ij} = \frac{\gamma}{2}\left(\frac{\partial U_i}{\partial x_j} + \frac{\partial U_j}{\partial x_i}\right)$$

式中:S_{ij} 为平均流的应变率张量。湍流脉动动能的耗散率可类似地定义为

$$\varepsilon = 2\gamma\,\overline{s_{ij}s_{ij}} = \frac{\gamma}{2}\overline{\left(\frac{\partial u_i}{\partial x_j} + \frac{\partial u_j}{\partial x_i}\right)^2} = \frac{\gamma}{2}\left[\overline{\left(\frac{\partial u_i}{\partial x_j}\right)^2} + \overline{\left(\frac{\partial u_j}{\partial x_i}\right)^2} + 2\overline{\frac{\partial u_i}{\partial x_j}\frac{\partial u_j}{\partial x_i}}\right]$$

式中:s_{ij} 是湍流脉动流的应变率张量;方括号中前两项为各向同性耗散,后一项为各向异性耗散,在高雷诺数下,前者远大于后者,故有

$$\varepsilon = \gamma \, \overline{\left(\frac{\partial u_i}{\partial x_j}\right)^2}$$

ε 的物理意义是单位质量流体微团在单位时间内由于湍流脉动而通过分子的粘性所引起的不可逆地转化为热能的那部分湍能。由湍流统计理论证明,对于各向同性湍流,有

$$\varepsilon = 30\gamma \, \overline{u^2}/l_{\mathrm{T}}^2 \tag{3-5}$$

上式说明,湍能的衰减或耗散与脉动速度的平方成正比,与湍流微尺度的平方成反比。湍能越强,其耗散也越大。湍流微尺度越小,表示小尺度的涡团产生越多,因此通过分子粘性耗散的湍能也越多。

4. 湍流能谱

湍流脉动可表示为各种尺度涡团运动的总和,湍流脉动的随机变化可表示为一系列不同时间尺度与空间尺度的波动叠加。对湍流脉动的这种分解可从两个角度进行,即从时间角度按频率分解得到频(率)谱和从空间角度按波长分解得到波(数)谱,二者统称为能谱。湍流能谱的概念是大涡模拟(Large Eddy Simulation, LES)的理论基础。

对于平均流为定常的湍流,可以简单地应用一维能谱,即以某点纵向脉动分速 u_1 为对象,定义

$$u_1^2 = \int_0^\infty E_1(n)\,\mathrm{d}n$$

式中:$E_1(n)$ 称为 u_1 的能谱密度,$E_1(n)\,\mathrm{d}n$ 表示频率在 n 和 $n+\mathrm{d}n$ 之间的那一部分涡团所具有的湍能。因而,能谱就表示各种频率的脉动动能的分布。一维能谱也可用波数 k_1 表示为

$$u_1^2 = \int_0^\infty E_1(k_1)\,\mathrm{d}k_1$$

波数 k_1 表示在 x_1 方向单位距离内波的个数。

对于较复杂的湍流,必须引入三维能谱。三维能谱用波数向量 k_i 表示。三维能谱函数 $E(k_i)$ 定义为

$$\int_0^\infty E(k_i)\,\mathrm{d}k_i = \frac{3}{2}\overline{u^2}$$

上式说明,三维能谱在波数空间的积分,即 $E(k_i)$ 曲线下方的面积就是单位质量流体的湍能。三维能谱函数原则上也只适用于各向同性的均匀湍流。

5. 湍能的级联传递及其耗散机理

湍流流场中尺度最大的涡团的运动方向与平均流应变率张量的主轴方向大体一致,因而能充分从平均流中吸取能量,而平均流速度梯度对涡团的拉伸作用使它变形以致破裂,使能量传到尺度更小的涡团,每一级涡团都有其特征雷诺数,当该雷诺数超过其相应的临界值时,则表示它从较大涡团接收的动能超越了其能量耗散,于是发生分裂而将其动能输送到更小的涡团中去。这样,一个惯性输运作用使动能从大涡团向小涡团逐级传递,即所谓能量的级联传递。但涡团的变小并非没有限度,随着尺度变小,转速增大,脉动应变率及粘性应力迅速增大,粘性对涡量和湍能的耗散也增强。当涡量的这种耗散与使涡量增加的惯性拉伸作用相平衡时,涡团尺度达到极限,不再减小。湍能在此最小尺度下通过分子粘性耗散变为热能。

从能量传递和耗散的观点来看,可将三维能谱的全部波数范围分为三个区,如图 3-7 所示。

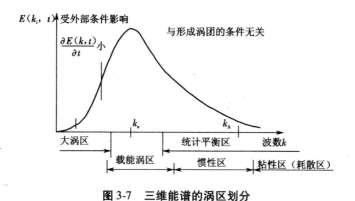

图 3-7　三维能谱的涡区划分

(1)大涡区。该涡区的能量可达总湍能的 20% 左右,其尺度与平均流场的特征尺度同量级。由于尺度大,相对变化缓慢,故从统计学上看相当稳定。但该区受平均流场和边界条件的影响大,表现出明显的各向异性。

(2)载能(含能)涡区。该涡区位于能谱曲线 $E(k_i,t)$ 的最大值附近,存储了整个流场的大部分湍能。该区从大涡区获取能量,又通过惯性输运作用将能量传给更小的涡区。

(3)平衡区。该涡区从载能涡区接收能量,又通过分子粘性将动能耗散为热能。从整体来说,该区的能量在各级涡团之间的能量输送和粘性耗散达到平衡。即单位质量流体微团在单位时间内,由较大涡团向较小涡团的能量输送率(称为级联输送率),等于由分子粘性引起的湍能转化为热能的能量耗散率。该区又可分为惯性输送起主要作用的惯性区和粘性耗散起主要作用的耗散区。

总之,大涡区和载能涡区是较大尺度的涡区,明显受外界条件的影响,常常是各向异性的;平衡区是较小尺度的涡区,不受外界条件的直接影响,常具有各向同性的性质。

3.2　湍流数学模型

3.2.1　雷诺方程和湍流粘性系数

湍流半经验理论的核心问题是建立湍流脉动相关量的数学模型。建立湍流数学模型的出发点则是著名的雷诺方程。因此,首先介绍雷诺方程。

湍流是一种连续介质的流动形态,湍流的瞬时流仍然满足流体动力学的基本方程——Navier-Stokes 方程(N-S 方程):

$$\frac{\partial}{\partial t}(\rho \tilde{u}_i) + \frac{\partial}{\partial x_j}(\rho \tilde{u}_i \tilde{u}_j) = -\frac{\partial}{\partial x_j}\Big[\Big(\tilde{p} + \frac{2}{3}\mu \tilde{s}_{kk}\Big)\delta_{ij} - 2\mu \tilde{s}_{ij}\Big] + \rho g_i \tag{3-6}$$

式中: $\tilde{s}_{ij} = (\partial \tilde{u}_i/\partial x_j + \partial \tilde{u}_j/\partial x_i)/2$ 为流体应变率张量, $\tilde{s}_{kk} = \partial \tilde{u}_k/\partial x_k$ 为速度散度, g_i 为重力加速度。

工程上所关心的是平均流的速度,而实验方法所能测得的也只是平均流的参数。对瞬时速度作雷诺分解 $\bar{u}_i = U_i + u_i$,忽略密度脉动,代入方程(3-6)后取平均,便得到湍流的雷诺方程:

$$\frac{\partial}{\partial t}(\rho U_i) + \frac{\partial}{\partial x_j}(\rho U_i U_j) = \frac{\partial}{\partial x_j}\Big[-\Big(P + \frac{2}{3}\mu S_{kk}\Big)\delta_{ij} + 2\mu S_{ij} - \rho\,\overline{u_i u_j}\Big] + \rho g_i \tag{3-7}$$

上式中的脉动速度相关矩 $-\rho\,\overline{u_i u_j}$ 即为雷诺应力。它是一个二阶张量,代表湍流涡团脉动所引起的穿越流体单位面积上的动量输运率,是一个未知量。由于对 N-S 方程取平均而导致雷诺应力这一新的未知量的出现,使原本封闭的(层流的)流体力学基本方程组变得不封闭。

湍流模拟或湍流数学模型的根本任务就是通过一定的假设,建立关于雷诺应力的数学表达式或可以求解的输运方程。换言之,对雷诺应力作出各种不同的物理假设,使它与湍流平均流的参数相联系,通过这一模化过程,得出湍流的各种半经验理论。

粘性流体力学中,层流粘性应力张量与应变率张量通过广义牛顿应力公式相联系,即

$$p_{ij} = -\Big(P + \frac{2}{3}\mu S_{kk}\Big)\delta_{ij} + 2\mu S_{ij}$$

式中:μ 为分子动力粘性系数。由此出发,Boussinesq 在 1887 年模仿分子动力粘性系数提出了湍流粘性系数的概念。Boussinesq 认为,雷诺应力与平均流速度梯度间也存在类似的线性关系,即

$$-\rho\,\overline{u_i u_j} = -\frac{2}{3}(\rho k + \mu_t S_{kk})\delta_{ij} + 2\mu_t S_{ij} \tag{3-8}$$

式中:k 是湍能,μ_t 是人为地仿照分子动力粘性系数 μ 而引入的湍流粘性系数或涡粘性系数。μ_t 物理意义很明显,即把湍流涡团所产生的动量输运作用与分子运动所产生的动量输运作用相比拟,从而使雷诺应力的计算归结为 μ_t 的计算。引入湍流粘性系数这一概念的主要优点是理论上直观且实践中易行。

从工程应用的角度来看,完全不必区分粘性应力和雷诺应力,因此可将二者合并,并令 $\mu_{\text{eff}} = \mu + \mu_t$,$\mu_{\text{eff}}$ 称为有效粘性系数。对其他因变量 $\bar{\varphi}$ 的湍流输运通量 $-\rho\,\overline{u_i\varphi}$ 也可采用完全相同的方法处理,即引入 $\bar{\varphi}$ 的有效交换系数 $\Gamma_{\varphi,\text{eff}}$。这样一来,层流运动的控制方程组就完全适用于湍流,只需把 μ 改为 μ_{eff},Γ_φ 改为 $\Gamma_{\varphi,\text{eff}}$ 即可。应当注意,湍流粘性系数的引入,形式上使雷诺方程得到封闭,实际上 μ_t 仍是未知数,还必须从物理上寻求封闭的途径,即通过各种不同的模型来确定 μ_t。同时,还须强调指出:μ_t 与 μ 二者有着本质的不同。分子动力粘性系数 μ 是流体本身的属性,它相对稳定且易于通过实验测定;而湍流粘度系数 μ_t 则是流动的属性,它与整个流场的空间特性和时间历程乃至初始条件和边界条件均有密切关系。事实上,把整个湍流运动的复杂效应简单地归结为一个 μ_t,这是不合理的。因此,在应用湍流粘性系数时,必须十分谨慎,其应用范围也是相当有限的。

湍流模型的本质是求解湍流输运通量 $-\rho\,\overline{u_i\varphi}$。按求解方式的不同,可分为两类:一类是遵循 Boussinesq 假设,引入湍流输运系数,把问题归结为如何求出 μ_t 和标量输运系数 $\Gamma_{\varphi,t}$,这一类模型一般称为经验模型;另一类则摒弃湍流输运系数的概念,直接建立并求解

雷诺应力 $-\rho\,\overline{u_i u_j}$ 和湍流输运通量 $-\rho\,\overline{u_i\varphi}$ 的封闭形式的微分方程或其简化的代数方程,这一类模型一般称为雷诺应力模型(Reynolds Stress Model, RSM)。这两类模拟方法都是以雷诺平均方程为基础,因此又统称雷诺平均模拟(Reynolds Average Navier-Stokes Simulation, RANS Simulation)。随着计算机技术的飞速发展和超级计算机的应用,两种新的模拟方法——大涡模拟(Large Eddy Simulation, LES)和直接数值模拟(Direct Numerical Simulation, DNS)越来越受到关注。

3.2.2　湍流粘性系数模型

既然湍流粘性系数这一概念的提出是把湍流涡团随机运动与分子无规则运动相比拟的结果,那么确定 μ_t 的方法就顺理成章地可以从确定层流粘性系数 μ 的途径中得到启发。体现分子动量输运能力的层流粘性系数 μ 主要取决于分子热运动的均方根速度 v、平均自由程 l 以及流体密度 ρ,有

$$\mu = \rho v l/3$$

仿照上式,可将湍流粘性系数表示为

$$\mu_t = C_1\rho v_t l_t \tag{3-9}$$

式中: v_t 和 l_t 分别为湍流涡团的某一速度尺度和长度尺度;而 C_1 是一经验系数,一般取为常数。

方程(3-9)中速度尺度和长度尺度可用代数式或经验公式与流场的已知量相联系,也可建立微分方程求解。根据求解 μ_t 所需的方程个数把湍流粘性系数模型分成零方程模型、单方程模型、双方程模型和多方程模型。每一类型中都有若干不同的形式,其中零方程模型中的混合长度模型、单方程模型中的 k 方程模型和双方程模型中的 $k-\varepsilon$ 模型最具代表性。对边界层、射流、管道、槽道和无分离的喷管流动等,混合长度模型能够得出很好的结果;对二维或三维无浮力、无旋或弱旋的突扩或钝体回流流动,一般采用 $k-\varepsilon$ 模型;对强旋流动和浮力流动,应该尝试雷诺应力模型(RSM),经过修正的或扩展的非线性 $k-\varepsilon$ 模型也可应用。

通常把 v_t 取为表征湍流脉动强弱的湍流度 u',由于 u' 正比于湍能的平方根,故 Kolmogorov(1942)和 Prandtl(1945)在各自的研究中用湍能的均方根值 $k^{1/2} = \sqrt{\overline{u_i u_i}/2}$ 作为湍流脉动的速度尺度,因此方程(3-9)亦可写为

$$\mu_t = C_1\rho k^{1/2} l_t \tag{3-10}$$

较为成熟的求解 l_t 的方法是将湍能、湍能耗散率与之相关联,即采用普朗特混合长度 $l_t = l_t' = C_D k^{3/2}/\varepsilon$,则方程(3-10)可写为

$$\mu_t = C_\mu\rho k^2/\varepsilon$$

这样,求解 μ_t 就归结为求解 k 与 ε。通过建立并求解微分输运方程来确定 k 与 ε 是 $k-\varepsilon$ 模型的基本思想。

3.2.3　$k-\varepsilon$ 模型

1. 湍能 k 的方程

湍能 k 的输运方程又称湍能方程,它是根据湍流瞬时流平均动能方程和湍流平均流动

能方程导出的。

　　方程(3-6)两边均乘以瞬时速度 $\tilde{u}_i$，对于不可压缩流体，可得到湍流瞬时流动能方程：

$$\frac{\mathrm{d}}{\mathrm{d}t}\left(\frac{1}{2}\tilde{u}_i\tilde{u}_i\right) = \frac{\partial}{\partial x_i}\left(-\frac{\tilde{p}}{\rho}\tilde{u}_i\delta_{ij} + 2\gamma\tilde{u}_i\tilde{s}_{ij}\right) - 2\gamma\tilde{s}_{ij}\tilde{s}_{ij}$$

　　按雷诺平均法分解并取平均，得到湍流瞬时流平均动能方程：

$$\frac{\mathrm{d}}{\mathrm{d}t}\left(\frac{1}{2}\overline{\tilde{u}_i\tilde{u}_i}\right) = \frac{\partial}{\partial x_j}\left(U_i\overline{u_iu_j}\right) - \frac{\partial}{\partial x_j}\left(\frac{1}{2}\overline{u_iu_iu_j}\right) + \frac{\partial}{\partial x_j}\left(-U_i\frac{P}{\rho}\delta_{ij} + 2\gamma U_iS_{ij}\right) +$$

$$\frac{\partial}{\partial x_j}\left(-\overline{u_i\frac{p}{\rho}}\delta_{ij} + 2\gamma\overline{u_is_{ij}}\right) - 2\gamma S_{ij}S_{ij} - 2\gamma\overline{s_{ij}s_{ij}} \tag{3-11}$$

　　方程(3-7)两边均乘以平均速度 U_i，得到湍流平均流动能方程：

$$\frac{\mathrm{d}}{\mathrm{d}t}\left(\frac{1}{2}U_i^2\right) = \frac{\partial}{\partial x_j}\left(-\frac{P}{\rho}U_i + 2\gamma U_iS_{ij} - \overline{u_iu_j}U_i\right) - 2\gamma S_{ij}S_{ij} + \overline{u_iu_j}S_{ij} \tag{3-12}$$

式中：等号右边第一项代表由平均应力引起的平均流动能的输运，第二项为粘性应力对平均应变率所做的耗散功，第三项为雷诺应力对平均应变率所做的功。对湍流流动而言，$\overline{u_iu_j}$ 与 S_{ij} 反号，故式(3-12)右边第三项为负，表示平均流动能减少，即雷诺应力使这部分动能转变成湍流脉动的动能，故该项称为湍能 k 的生成项。

　　因为湍流瞬时流平均动能等于平均流动能与湍能之和，因此方程(3-11)与(3-12)相减，即得到湍能 k 的微分方程(湍能方程)：

$$\frac{\mathrm{d}k}{\mathrm{d}t} = \frac{\partial}{\partial t}\left(\frac{1}{2}\overline{u_iu_i}\right) + U_j\frac{\partial}{\partial x_j}\left(\frac{1}{2}\overline{u_iu_i}\right)$$

$$= \frac{\partial}{\partial x_j}\left(-\overline{u_i\frac{p}{\rho}}\delta_{ij} + 2\gamma\overline{u_is_{ij}} - \frac{1}{2}\overline{u_iu_iu_j}\right) - \overline{u_iu_j}S_{ij} - 2\gamma\overline{s_{ij}s_{ij}} \tag{3-13}$$

式中：第一个等号右边两项分别为湍能的当地变化率和湍能的对流变化率(由于平均流的作用而产生的对流变化率)；第二个等号右边三项分别为湍能的输运项(扩散项)、生成项和耗散项。该方程中含有多项二阶和三阶的相关矩，因而是不封闭的，须用模化方法使三阶相关矩降阶，并把二阶相关矩表示为平均流参数的函数。模化方法一般是梯度通量模拟，即取湍流输运的动量流(应力)、质量流和热流分别正比于平均流的速度梯度、浓度梯度和温度梯度。对方程(3-13)第二个等号右边各项的具体模拟方案(将方程各项均乘以密度 ρ)如下。

　　扩散项

$$\rho\frac{\partial}{\partial x_j}\left(-\overline{u_i\frac{p}{\rho}}\delta_{ij} + 2\gamma\overline{u_is_{ij}} - \frac{1}{2}\overline{u_iu_iu_j}\right)$$

$$= \frac{\partial}{\partial x_j}\left(-\overline{u_i(p+\rho k')} + \mu\overline{u_i(\partial u_i/\partial x_j + \partial u_j/\partial x_i)}\right)$$

$$= \frac{\partial}{\partial x_j}\left(-\overline{u_i(p+\rho k')} + \frac{\partial}{\partial x_j}\left(\mu\frac{\partial k}{\partial x_j}\right)\right)$$

$$= \frac{\partial}{\partial x_j}\left(\frac{\mu_t+\mu}{\sigma_k}\frac{\partial k}{\partial x_j}\right)$$

$$= \frac{\partial}{\partial x_j}\left(\frac{\mu_{\text{eff}}}{\sigma_k}\frac{\partial k}{\partial x_j}\right)$$

式中：$k' = u_i u_i / 2$（尚未取平均）。

生成项

$$-\rho \overline{u_i u_j} S_{ij} = 2\mu_t S_{ij} S_{ij} = \mu_t \left(\frac{\partial U_i}{\partial x_j} + \frac{\partial U_j}{\partial x_i} \right) \frac{\partial U_i}{\partial x_j} = G \tag{3-14}$$

其中，雷诺应力的模拟直接利用了 Boussinesq 假设，但忽略了正应力部分。

耗散项

$$-2\rho\gamma \overline{s_{ij} s_{ij}} = -\rho\varepsilon$$

这样，经模拟后的 k 方程为

$$\frac{\partial}{\partial t}(\rho k) + \frac{\partial}{\partial x_j}(\rho U_j k) = \frac{\partial}{\partial x_j} \left(\frac{\mu_{\text{eff}}}{\sigma_k} \frac{\partial k}{\partial x_j} \right) + G - \rho\varepsilon \tag{3-15}$$

2. 湍能耗散率 ε 的方程

从 N-S 方程出发也可导出 ε 的微分输运方程，由于具体的推导过程相当冗长，这里只定性地说明其基本步骤：

（1）$2\gamma \dfrac{\partial \tilde{u}_i}{\partial x_j} \times \dfrac{\partial}{\partial x_j}$（$x_i$ 方向的 N-S 方程），得方程①；

（2）对方程①的各项进行雷诺分解和平均，得方程②；

（3）$2\gamma \dfrac{\partial U_i}{\partial x_j} \times \dfrac{\partial}{\partial x_j}$（$x_i$ 方向的雷诺方程），得方程③；

（4）方程②减去方程③，得方程④；

（5）假定在高雷诺数下，湍流满足各向同性，因此可忽略方程④中某些各向异性部分，于是便得到 ε 方程的原始形式，即

$$\frac{\partial}{\partial t}(\rho\varepsilon) + \frac{\partial}{\partial x_j}(\rho U_j \varepsilon) = -\frac{\partial}{\partial x_j}(\rho \overline{u_j \varepsilon'}) + \frac{\partial}{\partial x_j}\left(\mu \frac{\partial \varepsilon}{\partial x_j} \right) - 2\mu \overline{\frac{\partial u_i}{\partial x_k} \frac{\partial u_i}{\partial x_j} \frac{\partial u_k}{\partial x_j}} - 2\overline{\left(\gamma \frac{\partial^2 u_i}{\partial x_j \partial x_k} \right)^2}$$

式中：等号左边两项分别为 ε 的时间变化率项和对流项；等号右边四项依次为 ε 的湍流扩散项、分子扩散项、涡团拉伸而引起的 ε 生成项和粘性耗散项，且第一、三和四项均含有湍流脉动量的高阶相关矩，必须加以模化后，方程才能封闭。

ε 方程模化的思路是仿照 k 方程的方法，对扩散项采用梯度模拟

$$-\rho \overline{u_j \varepsilon'} = \frac{\mu_t}{\sigma_\varepsilon} \frac{\partial \varepsilon}{\partial x_j}$$

式中：σ_ε 是 ε 的普朗特准数。由于对生成项和耗散项中的相关矩缺乏物理上的了解，目前只能由一般概念出发，假设 ε 的产生和耗散正比于 k 的产生和耗散。这样才能保证湍能的变化处于合理的范围内，既不会出现无限制的增长，也不会出现不真实的负值，即取

$$S_\varepsilon \propto S_k = G - \rho\varepsilon$$

由量纲分析可进一步给出：

$$S_\varepsilon / S_k = \varepsilon / k$$

于是生成项和耗散项可合并在一起模拟，即

$$S_\varepsilon = \varepsilon (C_1 G - C_2 \rho\varepsilon) / k$$

将模拟后的湍流扩散项与无须模拟的分子扩散项相合并，便得到模拟后的封闭的 ε

方程：

$$\frac{\partial}{\partial t}(\rho \varepsilon) + \frac{\partial}{\partial x_j}(\rho U_j \varepsilon) = \frac{\partial}{\partial x_j}\left(\frac{\mu_{\text{eff}}}{\sigma_\varepsilon}\frac{\partial \varepsilon}{\partial x_j}\right) + \frac{\varepsilon}{k}(C_1 G - C_2 \rho \varepsilon) \tag{3-16}$$

3. 标准的 $k - \varepsilon$ 模型

把模拟后的 k 方程(3-15)和 ε 方程(3-16)相组合,就构成了标准的 $k - \varepsilon$ 双方程湍流模型。封闭的标准 $k - \varepsilon$ 模型方程组如下：

$$\begin{cases} \dfrac{\partial}{\partial t}(\rho k) + \dfrac{\partial}{\partial x_j}(\rho U_j k) = \dfrac{\partial}{\partial x_j}\left(\dfrac{\mu_{\text{eff}}}{\sigma_k}\dfrac{\partial k}{\partial x_j}\right) + G - \rho \varepsilon \\[3mm] \dfrac{\partial}{\partial t}(\rho \varepsilon) + \dfrac{\partial}{\partial x_j}(\rho U_j \varepsilon) = \dfrac{\partial}{\partial x_j}\left(\dfrac{\mu_{\text{eff}}}{\sigma_\varepsilon}\dfrac{\partial \varepsilon}{\partial x_j}\right) + \dfrac{\varepsilon}{k}(C_1 G - C_2 \rho \varepsilon) \end{cases}$$

其中

$$G = \mu_t \left(\frac{\partial U_i}{\partial x_j} + \frac{\partial U_j}{\partial x_i}\right)\frac{\partial U_i}{\partial x_j} \quad \mu_t = C_\mu \rho k^2 / \varepsilon \quad \mu_{\text{eff}} = \mu + \mu_t \tag{3-17}$$

方程包含的经验常数影响着模拟精度,需要通过对某些特定的湍流过程(如均匀格栅后湍流的衰变和满足局部平衡条件的近壁湍流等)的分析和测量来确定。这些常数的标准取值为

$$\sigma_k = 1.0 \quad \sigma_\varepsilon = 1.3 \quad C_\mu = 0.09 \quad C_1 = 1.44 \quad C_2 = 1.92$$

平均流控制方程(3-7)加上 $k - \varepsilon$ 湍流模型以及雷诺应力的表达式(3-8),就构成了一个封闭的方程组。只要提供适当的定解条件,并运用恰当的数值方法就可以求出描述所研究体系湍流状态的数值解。

$k - \varepsilon$ 模型是迄今为止在工程上应用最广泛、积累经验最多的湍流模型。大量的工程实际应用表明,$k - \varepsilon$ 模型对二维不可压薄剪切层湍流(如边界层射流、尾迹流等)均能给出较满意的结果。$k - \varepsilon$ 模型也存在一些问题,对比 k 方程和 ε 方程的模化过程可以看出,前者是从精确的输运方程出发逐项加以模拟,有一定的理论和实验依据;而后者在模化之前,已经舍去若干各向异性项,而且其源项的模拟采取了"一揽子"的做法,只是简单地与 k 方程源项类比而得出的,这样做缺乏理论和实验依据。为了能够适应内燃机缸内强压缩、强旋流情况,必须进行修正。

4. $k - \varepsilon$ 模型的修正

为把 $k - \varepsilon$ 模型推广到反映密度显著变化的影响,通常的做法是分别给 k 和 ε 的方程增添新项。对于 k 方程,压缩性效应主要通过雷诺应力而体现在湍能的生成项中。因此,只需用已考虑压缩性的准牛顿公式(3-8)代替式(3-14)中未考虑压缩性的雷诺应力 $2\mu S_{ij}$,于是湍能生成项可表示为

$$G = 2\mu_t S_{ij} S_{ij} - \frac{2}{3}D(\rho k + \mu_t D)$$

式中：$D = \text{div}U = \partial U_k / \partial x_k$ 为平均流速度散度。将上式代入湍能方程(3-15),即得到经压缩性修正的 k 方程。

ε 方程的修正不像 k 方程那样简单直观。标准的 ε 方程本身意义含混,有多种不同的

修正方案。为了体现压缩性效应,必须给 ε 方程增加一项 $C_3\rho\varepsilon D$,各种方案差别在于系数 C_3 的选取。首先讨论 C_3 的符号。内燃机缸内流体受到压缩时,体积减小,湍流涡团的长度尺度也相应减小;与此同时,活塞所做的一部分功转变为湍能,故 k 增大。由于 $l_t = C_\mu^{3/4} k^{2/3} / \varepsilon$,随着压缩的进行,要使涡团的长度尺度减小,湍能耗散率就必须增大。这就是说,在压缩过程中 k 和 ε 都应增大。这从物理上看也是合理的,否则就会出现湍能不稳定增长的现象。由于压缩时散度 $D < 0$,故要使 ε 的附加源项 $C_3\rho\varepsilon D$ 为正,必须有 $C_3 < 0$。在湍流涡团长度尺度与流场体积变化保持一致的条件下,有

$$C_3 = \frac{2}{3}C_1 - \frac{n+1}{n} \tag{3-18}$$

式中:n 为流体受压缩的空间维数。对单方向压缩、轴对称压缩和球对称压缩分别取 $n = 1$、2、3。在实际应用中,可根据燃烧室具体的几何构型用内插的方法选取适当的 n 值。在大型计算程序 KIVA 系列中,也纳入了修正的 k-ε 模型,其中 ε 方程的附加项为 $(C_3' - 2C_1/3)\rho\varepsilon D$,并取 $C_3' = -1.0$,这相当于方程(3-18)中 $C_3 = -1.96$。

旋流引起的流线曲率和离心力对流体微团会产生附加应变率,从而使湍流尺度和雷诺应力场都发生变化。k-ε 模型未能反映这一事实,因而必须加以修正,修正的主要对象是 ε 方程中的源项。但具体如何实施,目前仍是一个有争论的问题。

Launder 等人主张把 ε 方程中的常值系数 C_2 改为函数形式,即

$$C_2' = C_2(1 - f_1 Ri)$$

式中:f_1 是量级为 0.2 的经验常数;Ri 是梯度 Richardson 数,是通过把离心力与浮力相比拟而导出的,即

$$Ri = \frac{k^2}{\varepsilon^2} \frac{W}{r^2} \frac{\partial(rW)}{\partial r}$$

式中:W 是旋流速度,r 是径向坐标。

对 C_2 如此修正在物理上意味着刚体涡类型的旋流对湍流有抑制作用,而自由涡类型的旋流则会增强湍流。

Rodi 从相反的观点提出另一修正方案,不修正 C_2 而修正 C_1,即

$$C_1' = C_1(1 + f_2 Rf)$$

式中:f_2 是量级为 0.9 的经验常数;Rf 是通量 Richardson 数,即

$$Rf = \left(2\gamma_t W \frac{\partial(W/r)}{\partial r}\right) / G$$

式中:G 是湍能生成项。

目前,Launder 的方案应用较多。

各种 k-ε 模型的修正方案都带有一定的经验性,它们各自对一些特定的场合能提供比较满意的结果,但都缺乏普适性。

5. RNGk-ε

重整化群(Renormalization Group,RNG)的基本思路:通过在空间尺度上的一系列连续变换,对原本十分复杂的系统或过程,实现粗分辨率的或粗粒化(Coarse Grained)的描述,从

而使问题得到简化而易于处理。它要求系统必须具有尺度不变性,即对系统而言,不存在一个由外部环境所施加的特征长度尺度和时间尺度。换言之,系统应具有自相似性。湍流正具有这一特征,对于大涡区之外的大部分涡区(平衡区),这种尺度不变性是成立的。

湍流的脉动结构及其随机变化可以看作是一系列不同时间尺度与空间尺度的波动叠加以及各种尺度涡团运动的总和,因此可用 Fourier 积分将其表示为时间上按频率分布的频谱,或空间上按波长分布的波数谱。既然小尺度涡区具有尺度不变性,因此可以把波数谱(或谱频)上高波数(高频)部分消去,忽略尺度最小的(量级为 Kolmogorov 微尺度)那一部分涡团的运动模态(Mode),但它们对流场特性的影响通过剩余各级涡的模态来表示。为实现这一点,须对其余各模态的控制方程进行修正。修正的结果是方程的基本形式并不改变,即仍为 N-S 方程,但方程中的一些参数,如粘性系数、质量力等已不再是原来的值,而是修正后的值。每经过一次消去和修正,就对原始控制方程进行了一次粗粒化,相当于计算网格有所放大。这种消去和修正过程可以反复进行下去,结果是越来越多的小涡团的运动模态从基本方程中消去,计算网格随之逐步粗化,直到可以为计算机的容量和速度所接受为止。

每进行一次消去小涡团的步骤后,剩下的大尺度运动的基本方程与消去之前的方程在形式上完全相同。所谓重整化(renormalization),就是通过尺度变换重新定义方程中的粘性系数、外力和截止波数(限定消去波数的范围)。这一系列消去和修正过程在数学上相当于一组连续的变换。所谓群(group),就是为保持大尺度运动方程形式不变而实施的一组消去和近似的连续过程。

当用 RNG 方法对湍流基本方程实施到不同的程度或等级时,就可得到不同等级的湍流模型。如果只消去最小的涡团,便得出大涡模拟(Large Eddy Simulation,LES)或亚网格尺度(Subgrid Scale,SGS)模型,逐次消去较大的涡团,可得出雷诺应力模型乃至 $k - \varepsilon$ 模型等。将 RNG 基本方法应用于 N-S 方程,并引入湍能 k 及其耗散率 ε,消除方程中的长度尺度,便可导出如下形式的 $k - \varepsilon$ 模型:

$$\begin{cases} \dfrac{\partial k}{\partial t} + U_j \dfrac{\partial k}{\partial x_j} = \dfrac{\partial}{\partial x_j}\left(\alpha\gamma \dfrac{\partial k}{\partial x_j} \right) + \gamma_t S^2 - \varepsilon & (3\text{-}19) \\[3mm] \dfrac{\partial \varepsilon}{\partial t} + U_j \dfrac{\partial \varepsilon}{\partial x_j} = \dfrac{\partial}{\partial x_j}\left(\alpha\gamma \dfrac{\partial \varepsilon}{\partial x_j} \right) - R + C_1 \dfrac{\varepsilon}{k}\gamma_t S^2 - C_2 \dfrac{\varepsilon^2}{k} & (3\text{-}20) \end{cases}$$

此模型与标准的 $k - \varepsilon$ 模型式(3-15)和式(3-16)的主要区别有两点。

(1)其方程中的常数并非用经验方法确定,而是利用 RNG 理论推导出来的精确值。各常数的取值为 $C_1 = 1.42$,$C_2 = 1.68$,$\alpha = 1/Pr = 1.39$。而在标准 $k - \varepsilon$ 模型中,$C_1 = 1.44$,$C_2 = 1.92$,$\alpha_k = 1/\sigma_k = 1.0$,$\alpha_\varepsilon = 1/\sigma_\varepsilon = 0.75$。

(2)ε 方程(3-20)中有一附加项 R,代表平均应变率对 ε 的影响,有

$$R = 2\gamma S_{ij} \overline{\dfrac{\partial u_1}{\partial x_i}\dfrac{\partial u_1}{\partial x_j}} = \dfrac{C_\mu \eta^3 (1 - \eta/\eta_0)}{1 + \beta\eta^3} \dfrac{\varepsilon^2}{k}$$

式中:$\eta = Sk/\varepsilon$ 是无量纲应变率或者平均流时间尺度与湍流时间尺度之比,$S = (2S_{ij}S_{ij})^{1/2}$ 是应变率张量的范数,$\eta_0 = 4.38$,$\beta \approx 0.012$。湍流粘性系数仍按公式 $\gamma_t = C_\mu k^2/\varepsilon$ 计算,但 RNG

理论中 $C_\mu = 0.0845$，这与标准 $k-\varepsilon$ 模型中的经验常数 $C_\mu = 0.09$ 相当接近。

　　与标准 $k-\varepsilon$ 模型相比较，RNG 理论给出的常数 C_1 基本一致，但 C_2 则减小较多。由于 C_2 项在 ε 方程(3-20)中为负，C_2 减小的结果是 ε 的耗散减小，ε 增大，从而使湍能 k 减小。这两方面的效果均使湍流粘性系数减小。在应变率较小的区域，R 项的作用是使 γ_t 略有增加，但仍然小于标准 $k-\varepsilon$ 模型所给出的值。但是在大应变率($\eta/\eta_0 > 1$)情况下，R 将改变符号，从而使 γ_t 减小得更多，RNG 的 $k-\varepsilon$ 模型的这一特点能够较好地体现大剪切率所产生的强烈的各向异性效应以及非平衡效应。

　　另外，在低雷诺数区域，例如壁面附近，RNG 模型并不需要像通常的高雷诺数湍流那样求助于壁函数，而可以直接给出在各种雷诺数范围均成立的通用关系式或者对模型常数进行修正的通用函数式。例如 $k-\varepsilon$ 模型中湍流粘性系数可利用 RNG 理论表示为

$$\gamma_t = \gamma \left(1 + k \sqrt{\frac{C_\mu}{\gamma \varepsilon}} \right)^2 \tag{3-21}$$

在高雷诺数下，分子粘度远小于湍流粘度，略去括号中第一项，上式成为常见的形式 $\gamma_t = C_\mu k^2/\varepsilon$；在湍流速度极小的另一极端情况下，$k \to 0$，上式给出 $\gamma_t = \gamma$，即为层流情况。故式(3-21)适用于全部雷诺数范围。

　　由于内燃机缸内工质有强烈的密度变化，标准的 RNG$k-\varepsilon$ 模型必须作压缩性修正。在 k 和 ε 方程中补充包含平均流散度的项，并根据快速畸变理论确定相关系数的值。修正后的 RNG$k-\varepsilon$ 模型可表示为

$$\begin{cases} \dfrac{\partial}{\partial t}(\rho k) + \dfrac{\partial}{\partial x_j}(\rho U_j k) = \dfrac{\partial}{\partial x_j}\left(\alpha_k \mu \dfrac{\partial k}{\partial x_j} \right) - \rho \varepsilon - \dfrac{2\rho k}{3}\dfrac{\partial U_j}{\partial x_j} + \mu_t \left[S^2 - \dfrac{2}{3}\left(\dfrac{\partial U_j}{\partial x_j} \right)^2 \right] \tag{3-22} \\[3mm] \dfrac{\partial}{\partial t}(\rho \varepsilon) + \dfrac{\partial}{\partial x_j}(\rho U_j \varepsilon) = -\left(\dfrac{2}{3}C_1 - C_3 + \dfrac{2}{3}C_\mu C_\eta \dfrac{k}{\varepsilon}\dfrac{\partial U_j}{\partial x_j} \right)\rho \varepsilon \dfrac{\partial U_j}{\partial x_j} + C'\dfrac{\varepsilon}{k}\mu_t \left(\dfrac{\partial U_j}{\partial x_j} \right)^2 + \end{cases}$$

$$\dfrac{\partial}{\partial x_j}\left(\alpha_\varepsilon \mu \dfrac{\partial \varepsilon}{\partial x_j} \right) + \dfrac{\varepsilon}{k}\left\{ \mu_t (C_1 - C_\eta)\left[S^2 - \dfrac{2}{3}\left(\dfrac{\partial U_j}{\partial x_j} \right)^2 \right] - C_2 \rho \varepsilon \right\} \tag{3-23}$$

Han 和 **Reitz** 针对各向同性(球对称)压缩这一理想情况，给出下列表达式：

$$C_3 = \frac{1}{3}\left[2C_1 - 1 - 3m(n-1) + (-1)^\delta \sqrt{6C_\mu C_\eta \eta} \right]$$

$$C' = 0$$

马贵阳、解茂昭针对内燃机的几何构型和实际工况，推出了如下系数值。

对工质受压缩情况可视为轴向一维压缩时：

$$C_3 = 2C_1/3 - 2 + (-1)^\delta \sqrt{2C_\mu C_\eta \eta}$$

$$C' = 2 - 4C_1/3$$

对工质受压缩情况可视为轴对称二维压缩时：

$$C_3 = -3/2 + 2C_1/3 + (-1)^\delta C_\mu C_\eta \eta$$

$$C' = 1/2 - C_1/3$$

式中：$C_\eta = \dfrac{\eta(1 - \eta/\eta_0)}{1 + \beta \eta^3}$；$m = 0.5$；$n$ 是多变指数；当 $\dfrac{\partial U_i}{\partial x_i} < 0$ 时，$\delta = 1$；当 $\dfrac{\partial U_i}{\partial x_i} > 0$ 时，$\delta = 0$。

3.2.4　雷诺应力模型

雷诺应力张量与应变率张量的主轴系不重合,所以湍流是各向异性的,用粘性牛顿流体各向同性的本构关系式(3-8)和湍流粘度的概念来模拟雷诺应力有悖于物理事实。涡粘度忽略压力应变关联项效应,不能反映湍流在各主轴方向引起的雷诺应力的各向异性,导致无法捕捉湍流燃烧可能出现的逆梯度输运现象。因此,提出直接建立雷诺应力的输运方程,并对其中脉动关联项加以模化、求解。这样得到的模型即为湍流的雷诺应力模型(Reynolds Stress Model,RSM),或称为二阶矩封闭模型(Second Moment Closure,SMC)。

1940 年周培源从瞬态流的 N-S 方程和平均流的雷诺方程出发,推导出了雷诺应力的精确输运方程:

$$\frac{\partial}{\partial t}(\rho\,\overline{u_i u_j}) + \frac{\partial}{\partial x_k}(\rho U_k\,\overline{u_i u_j}) = D_{ij} + \varphi_{ij} + G_{ij} - \varepsilon_{ij}$$

式中:等号左端两项分别为雷诺应力的时间变化率和对流项;等号右端四项分别称为雷诺应力的扩散项、压力应变项、产生项和耗散项,具体表达式为

扩散项　　　$$D_{ij} = -\frac{\partial}{\partial t}\left(\rho\,\overline{u_i u_j u_k} + \overline{p u_i \delta_{jk}} + \overline{p u_j \delta_{ik}} - \mu\frac{\partial}{\partial x_k}\overline{u_i u_j}\right)$$

压力应变项　　　$$\varphi_{ij} = \overline{p\left(\frac{\partial u_i}{\partial x_j} + \frac{\partial u_j}{\partial x_i}\right)}$$

产生项　　　$$G_{ij} = \rho\left(\overline{u_i u_k}\frac{\partial U_j}{\partial x_k} + \overline{u_j u_k}\frac{\partial U_i}{\partial x_k}\right)$$

耗散项　　　$$\varepsilon_{ij} = 2\mu\overline{\frac{\partial u_i}{\partial x_k}\frac{\partial u_j}{\partial x_k}}$$

扩散项以散度形式出现,具有守恒性,一般不改变系统内雷诺应力总量,而只改变其在系统内部的分布,使之趋于空间均匀。产生项代表雷诺应力与平均流梯度的相互作用,正是这种作用提供了雷诺应力的来源。耗散项体现了分子粘性对湍流脉动的消耗作用,它总是使雷诺应力减小。压力应变项代表脉动压力与脉动应变率之间的关联。除产生项外,以上三项均含有二阶或三阶相关矩,必须引入适当的假设加以模化,以使雷诺应力输运方程封闭并进一步求解。Launder,Reece 和 Rodi 对雷诺应力输运方程中高阶相关矩进行了模化,提出了标准的雷诺应力微分方程:

$$\frac{\partial}{\partial t}(\rho\,\overline{u_i u_j}) + \frac{\partial}{\partial x_k}(\rho U_k\,\overline{u_i u_j}) = \frac{\partial}{\partial x_k}\left[C_s\rho\frac{k}{\varepsilon}\overline{u_k u_l}\frac{\partial}{\partial x_l}(\overline{u_i u_j})\right] -$$

$$C_1\rho\frac{\varepsilon}{k}\left(\overline{u_i u_j} - \frac{2}{3}\delta_{ij}k\right) - C_2\left(G_{ij} - \frac{2}{3}\delta_{ij}G\right) - \frac{2}{3}\delta_{ij}\rho\varepsilon + G_{ij}$$

$$(3\text{-}24)$$

Launder,Reece 和 Rodi 取 $C_1 = 1.8, C_2 = 0.6$。式(3-24)中 G_{ij} 和 G 分别为雷诺应力和湍能(即雷诺应力的各向同性部分,见式(3-17)的产生率),其中包含了平均流速度梯度与湍流脉动量的相互作用。由于雷诺应力是二阶对称张量,有 6 个独立分量,因而式(3-24)代表6 个微分方程,同时这些方程中还含有湍流参数 k 和 ε。k 可由雷诺应力中的 3 个正应力分

量相加而得到,ε 则需求解其输运方程。雷诺应力模型中的 ε 方程与 k-ε 模型中的 ε 方程略有不同,这是由于应力模型中不存在湍流粘性系数的概念,其经验常数的取值也略有不同,在 RSM 中经模化的 ε 方程为

$$\frac{\partial \varepsilon}{\partial t} + \frac{\partial}{\partial x_j}(\rho U_j \varepsilon) = \frac{\partial}{\partial x_j}\left(C_s \rho \overline{u_i u_j}\frac{k}{\varepsilon}\frac{\partial \varepsilon}{\partial x_j}\right) + C_{\varepsilon 1}\frac{\varepsilon}{k}G - C_{\varepsilon 2}\frac{\varepsilon^2}{k} \tag{3-25}$$

式中:常数 $C_s = 0.15$,$C_{\varepsilon 1} = 1.34$,$C_{\varepsilon 2} = 1.8$。

式(3-24)与式(3-25)共 7 个方程一起构成了微分形式的雷诺应力模型,简称 LRR 模型。LRR 模型把 φ_{ij} 与雷诺应力间的复杂非线性关系简化为线性关系,对可压缩流体在大应变率的情况下,会产生不可忽略的影响。因此,Speziable,Sarkar 和 Gatski 于 1991 年在 φ_{ij} 的模拟式中引入了雷诺应力的各向异性张量,提出了一个非线性的二阶应力模型,称为 SSG 模型。

DSM 模型能自动考虑旋流效应、浮力效应、曲率效应、近壁效应等,无须经验性修正,在模拟旋转流动、弯道流动和浮力流动等方面取代了 k-ε 模型。DSM 模型需要确定 14 个通用性差的常数,需要求解 11 个方程,应力分量边界条件不易给定,计算成本较高,计算精度难以保证,所以不如 k-ε 模型应用广泛。Rodi 等将 DSM 模型简化为代数表达式,同时又保留其能反映湍流各向异性的优点,提出了代数形式的雷诺应力模型(Algebraic Stress Model, ASM),又称扩展的 k-ε 模型。由于微分方程中导数项是对流项和扩散项,因此只需消去方程中的对流项和扩散项即可(Rodi 第二种近似法),即

$$-C_1\rho\frac{\varepsilon}{k}\left(\overline{u_i u_j} - \frac{2}{3}\delta_{ij}k\right) - C_2\left(G_{ij} - \frac{2}{3}\delta_{ij}G\right) - \frac{2}{3}\delta_{ij}\rho\varepsilon + G_{ij} = 0$$

整理可得

$$\overline{u_i u_j} = k\left[\frac{2}{3}\delta_{ij} + (1 - C_2)\left(G_{ij} - \frac{2}{3}\delta_{ij}G\right)\big/(C_1\rho\varepsilon)\right]$$

ASM 模型是 DSM 模型和 k-ε 模型的折中方案,在一定程度上能反映与浮力及旋流有关的各向异性湍流的特征;与 DSM 模型相比,其方程数目和经验常数数目大大减少,无须分别给出各应力进口及边界条件。但对复杂的工程湍流,如涉及强旋流、大流线曲率、浮升力和强压缩等场合,其较修正的 k-ε 模型并无明显改善,为此提出了非线性代数形式的雷诺应力模型(NLASM)和非线性涡粘度模型(NLEVM)。NLASM 和 NLEVM 本质上完全相同,二者区别仅在模型构造的途径。NLASM 是从雷诺应力的输运方程出发,而 NLEVM 是从张量不变性原理出发来构筑雷诺应力与平均应变率之间的非线性代数关系。

3.2.5　大涡模拟及直接数值模拟

雷诺平均(RANS)方法是对参数进行雷诺平均,而大涡模拟(LES)方法主要是对涡团进行空间过滤。湍流脉动结构中各种尺度涡团的统计特性及其对湍流所起的作用各不相同。大尺度涡团与流场的初始条件和边界条件有密切关系,且呈现出各向异性的特点,因而各种不同类型的具体流动之间,其大涡团的结构和运动有很大的差异。小涡团的运动特征受边界条件和初始条件影响甚小,彼此相似而且各向同性。因此,可对大、小涡团在数值

计算上采用不同方式处理,把对应于不同尺度涡团的量分为可解尺度量和亚网格尺度量。前者可被计算网格分辨出来,故无须加以模化,可直接求解三维非定常流控制方程,即 N-S 方程。后者因小于计算网格,无法直接求解,必须通过一定的假设,模化为可解尺度量的函数,亦即构筑亚网格尺度的湍流模型(Subgrid Scale Model,SGS)。这就是大涡模拟方法的基本思路。这两种方法产生的方程形式类似,但它们的物理意义和湍流模型有本质区别。例如对速度的分解:

$$\bar{u} = U + u$$

RANS 方法认为 U 是平均速度,u 是脉动速度;而 LES 方法认为 U 是可解尺度的速度,而 u 是亚网格尺度的速度。用 LES 方法也可以获得类似方程(3-7)的动量方程,也会有 RANS 方法中的雷诺应力项,这在 LES 方法中称为亚网格应力。构筑亚网格应力模型也可以采用 RANS 中的湍流粘性方法。与 RANS 方法中的湍流粘性系数一样,LES 方法中亚网格湍流粘性系数也有多种形式,如零方程模型、单方程模型等。较早并且较常用的是 Smagorinsky 模型,其基本形式是

$$\mu_t = (C_S \Delta)^2 (S_{ij} S_{ij})^{1/2}$$

式中:Δ 代表网格长度尺度。Smagorinsky 模型要求很细的网格,固定的模型系数 C_S 往往影响计算精度。为此,改进的 Smagorinsky 模型将 C_S 作空间和时间的函数以适应不同的流动状况。一般通过两种方法确定 C_S;一种方法是基于尺度相似概念,根据两种不同过滤宽度得到的亚网格应力差来确定 C_S;另一种方法是基于 Lagrangian 概念,采用两个附加的输运方程求解 C_S。Smagorinsky 模型是一个零方程模型,一个单方程模型是 k 方程模型,k 方程模型的基本形式为

$$\mu_t = C_S \Delta \sqrt{k_{sgs}}$$

式中:k_{sgs} 是亚网格尺度湍流动能,需要单独的输运方程求解;模型系数 C_S 可作为常数,也可作为变系数。

基于亚网格湍流粘性方法的计算模型相对网格尺度不是独立的(模型含有网格尺度相关量)。网格尺度不是由计算结果决定而是由选定的计算网格决定。而计算网格必须能"滤除"小尺度脉动(各向同性且与边界条件无关)的影响,并保留大尺度流场(各向异性且与边界条件有关),因此 LES 需要足够精细的计算网格。LES 计算网格精细到极限,就是直接数值模拟(Direct Numerical Simulation,DNS)。LES 不应该使用类似 RANS 的粗网格。

基于亚网格湍流粘性方法的计算模型不仅会引起过度耗散,而且还错误地假定亚网格应力与应变主轴方向一致,不能够获得准确的亚网格湍能,从而影响在内燃机中的计算精度。最近发展的动态结构模型直接应用下式计算亚网格湍流应力:

$$\tau_{ij} = C_{ij} k_{sgs}$$

式中:C_{ij} 是可变的张量系数。动态结构模型没有湍流粘性耗散,而是在网格尺度速度场和亚网格湍能方程之间维持一定的动能,这一动能不断从网格尺度上转移到亚网格尺度上,再通过亚网格 k 方程中的粘性耗散项由分子粘性耗散掉。该模型基本思路符合喷雾燃烧系统中的能量转移路线,在发动机上获得了较好的应用效果。

直接数值模拟的网格尺寸小于 Kolmogorov 微尺度,湍流脉动结构中的全部尺度都可为

网格所分辨,亚网格尺度不复存在。因此,DNS 要求数值积分区域在每一个空间方向上至少要容纳 10 个大尺度涡团;而在最小尺度涡团(l_k)内部,又至少划分 10 个网格,即在每个空间方向上布置的网格数至少是 $Re^{3/4}$(Re 是以流场特征长度和特征速度定义的雷诺数),而三维网格单元总数则高达 $Re^{9/4}$。考虑到工程实际中常见的湍流雷诺数均在 10^6 以上,可知 DNS 对计算机的要求是极高的。DNS 计算工作量很大,目前主要用于低雷诺数、小尺寸、简单流动的模拟,而且以后也不大可能在内燃机中应用,因为内燃机缸内流动涉及喷雾和燃烧,要求网格尺度不能过小。由于 DNS 计算是在耗散尺度的网格下直接求解瞬态三维 N-S 方程,不需要封闭模型,不引入人为假设,只要求高精度的数值方法和合适的周期性边界条件,故可认为它是一种与通常的实验测试手段等价的"计算机实验"。可以利用它来检验现有湍流模型中所用假设的正确性,提供模型中待定常数的数值以及解释湍流测试中所观察到的现象。

雷诺平均方法(RANS)得到的是工程关心的时均值,而 LES、DNS 得到的是瞬态值。所以,LES 中的亚网格尺度(Sub Grid Scale, SGS)模型与 RANS 中的模型有本质上的区别。由于现在实验方法在空间和时间上的分辨率还满足不了 Kolmogorov 微尺度的要求,对 LES、DNS 计算结果的实验验证还是通过时均值的比较来实现的,即需要对 LES、DNS 结果进行时均化。

LES 是对滤波后的气体守恒方程直接求解。对小涡用亚网格尺度(SGS)湍流模型,计算量仍然比 RANS 模拟大得多(约为 500 倍),只能应用于小尺寸装置且雷诺数不能太高。求解雷诺平均方程的 RANS 模拟方法目前仍然是工程中使用的主要方法。

3.3　内燃机缸内流动的描述

3.3.1　内燃机缸内湍流的定义方法

由于内燃机瞬变而又周期性工作的特点,即使在稳定工况下,每个循环过程中参数的演变也不可能完全一致,甚至连续的两个循环内气缸中的平均流速也可能有显著的变化。在研究内燃机缸内流动时,既要考虑循环的某一时刻(某一曲轴转角)平均流场可能产生的循环变动,也要考虑该循环内平均流场基础上的湍流脉动。对内燃机缸内这种准周期性流动,一般采用相位平均法或系综平均法求取湍流的特征参数。通常取很多(几十乃至几百个)循环,并对指定的曲轴转角或转角范围进行流速测量。

设对某一特定的第 i 循环和指定的曲轴转角 φ 测出的瞬时速度

$$\tilde{u}(\varphi,i) = U(\varphi,i) + u(\varphi,i)$$

其中,相位平均速度

$$U_{\text{EA}}(\varphi) = \frac{1}{N}\sum_{i=1}^{N} U(\varphi,i) \tag{3-26}$$

式中:N 为测量取样的循环数。

对于第 i 循环，其平均流速循环变动值

$$\hat{U}(\varphi,i) = U(\varphi,i) - U_{EA}(\varphi,i)$$

相位平均速度、平均流速度、平均流的关系如图 3-8 所示。

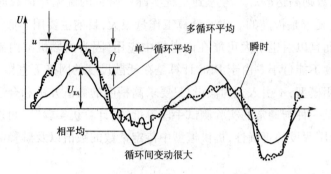

图 3-8　相位平均速度、平均流速度、平均流的关系

平均流速循环变动反映了循环变动的强弱，也称低频速度脉动，而将湍流脉动称为高频速度脉动。低频速度脉动不是湍流意义上的脉动。内燃机缸内瞬时速度一般分解为集总平均速度、低频脉动速度和高频脉动速度，即

$$\tilde{u}(\varphi,i) = U_{EA}(\varphi,i) + \hat{U}(\varphi,i) + u(\varphi,i)$$

在讨论内燃机湍流参数的测量结果时，需指明是采用相位平均法还是单一循环平均法求得的，只有当循环变动不大时，二者的数值才趋于一致。应用相位平均法时的湍流强度

$$u'_{EA}(\varphi) = \Big[\frac{1}{N} \sum_{i=1}^{N} \overline{u^2(\varphi,i)} \Big]^{1/2} \tag{3-27}$$

相位平均的湍流参数是以各单个循环中在指定曲轴转角下所测得的平均值 $U(\varphi,i)$ 和脉动值 $u(\varphi,i)$ 为基础，另外有时无法进行多循环的相平均，也要求以单一循环的测量为基础求取平均流和湍流参数，因此基于单一循环的时间平均法必不可少。由于内燃机工作过程的高度瞬变性，平均运动的时间尺度与湍流脉动的时间尺度处于同一量级，因而求取时均值时，时间周期 ΔT 的选取就成为一个对平均结果具有决定性影响的因素。ΔT 必须能正确区分平均流和脉动流，它的选取既不能过大也不能过小，必须恰到好处。如果 ΔT 过大，就会掩盖平均流本身的非定常性；如果 ΔT 过小，则不能消除脉动对均值的影响。解决这一矛盾的方案之一是"时间窗"方法，即在一定的时间间隔内求平均值并使平均值的区间适当重叠。时间窗在内燃机上体现为一个曲轴转角范围，称为窗口角 $\Delta \varphi$，如图 3-9 所示。这样，单一循环 i 中某一时刻或某一转角位置平均速度可表示为

$$U(\varphi,i) = \frac{1}{M} \sum_{j=1}^{M} \tilde{u}\Big(\varphi \pm \frac{\Delta \varphi}{2}, i, j \Big) \quad （j \text{ 表示窗口角重叠次数}）$$

窗口角一般取值为 $\Delta \varphi < 10°CA$（曲轴转角），基于 N 个循环的相平均值则为

$$U(\varphi,i) = \frac{1}{N} \frac{1}{M} \sum_{i=1}^{N} \sum_{j=1}^{M} \tilde{u}\Big(\varphi \pm \frac{\Delta \varphi}{2}, i, j \Big)$$

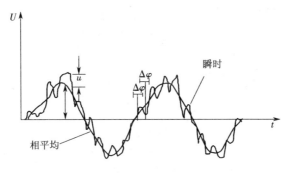

图 3-9 单一循环的时间窗法

3.3.2 内燃机缸内流动形式

1. 涡流

在进气过程中形成的绕气缸轴线有组织的气流运动称为进气涡流,进气涡流的大小由进气道形状和发动机转速决定,如图3-10所示。在压缩过程中形成的有组织的旋转空气运动称为压缩涡流,如图3-11所示。如在涡流室柴油机的压缩过程中,气缸内的空气通过通道被压入涡流室中,形成有组织的旋流运动。压缩涡流主要用于促进喷入涡流室中的燃料与空气的混合,其大小由涡流室形状、通道尺寸和位置以及发动转速决定。

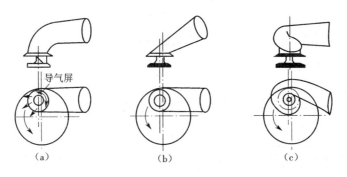

图 3-10 进气涡流的行程

(a)导气屏 (b)切向气道 (c)螺旋气道

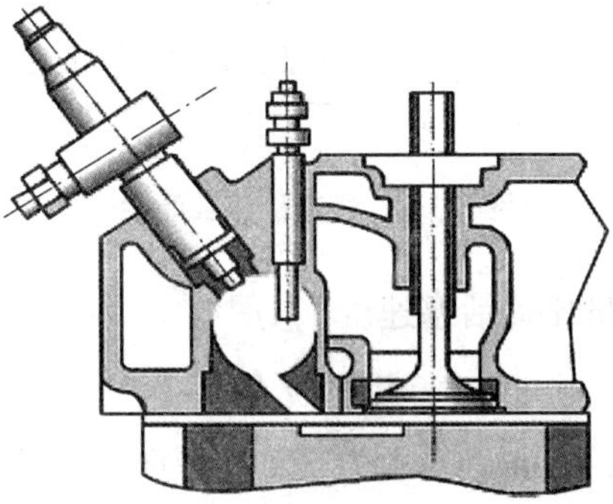

图 3-11 压缩涡流的形成

缸内气体绕气缸轴线旋转运动的角动量可表示为

$$AM = \sum_{i=1}^{N} m_i v_i r_i \tag{3-28}$$

由此产生的涡流的强度采用涡流比 SR 来度量:

$$SR = \frac{\sum\limits_{i=1}^{N} m_i r_i v_i}{\dfrac{2\pi n}{60} \sum\limits_{i=1}^{N} m_i r_i^2} \tag{3-29}$$

式中:n 为曲轴转速,m 为微元体质量,r 为微元体半径,v 为微元体横截面切线速度,i 为微元体序号,N 为微元体总数。如果是计算缸内涡流比总体平均值,则 N 为缸内微元体总数;如果是计算某一截面涡流比平均值,则 N 为这个截面内微元体总数。

随活塞运动,流体质点运动状态也在变化,所以发动机缸内涡流比不是固定值。由于存在气流间的摩擦损耗以及气流与缸壁之间的摩擦,进气涡流的能量在压缩过程中逐渐衰减。一般情况下,在压缩终了时,有 1/4 ~ 1/3 的初始动量矩损失掉。当活塞接近上止点时,大量空气被迫进入活塞凹坑内,使凹坑内的切线速度有所增加,涡流比因而增大,进气涡流可以持续到燃烧膨胀过程。

进气涡流主要通过气道形成,为此工程上采用稳流实验台(图 3-12)对气道形成涡流的能力进行评价。在稳流实验台上通过测量叶片风速仪转速计算涡流速度 V_s,即

$$V_s = 2\pi N_s R_c \tag{3-30}$$

式中:N_s 为叶片风速仪转速(r/s),R_c 为叶片风速仪旋转中心半径(m)。

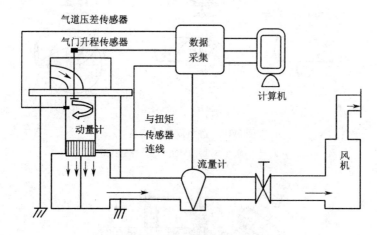

图 3-12　气道稳流实验台

采用进入气缸内流体流量比拟活塞速度 V_p,即

$$V_p = Q/A_c \tag{3-31}$$

式中:Q 为进入缸内的气体流量($\mathrm{m^3/s}$),A_c 为气缸横截面面积($\mathrm{m^2}$)。

实验涡流比定义为

$$SR = V_s/V_p \tag{3-32}$$

尽管稳流实验台可以模拟发动机不同转速,但它测得的涡流比并不是发动机实际缸内涡流比。缸内实际涡流比形成初期受活塞位置影响,且与进入气缸流体累积量有关。

2. 滚流

在进气过程中形成的绕垂直于气缸轴线方向的有组织的空气旋流,称为滚流或横轴涡流。滚流常见于四气门汽油机,在压缩过程中动量衰减较少,当活塞接近上止点时,大尺度的滚流将破裂成很多小尺度的涡团,使湍流强度增加,如图 3-13 所示。

FEV 滚流测试台架(图 3-14)中应用叶片风速仪测量滚流场内的转速,抽气机在稳压腔内产生负压,外界空气从进气道进入模拟缸筒,从缸筒壁面的出口进入稳压腔,如果该进气道有滚流形成能力,则可驱动模拟缸筒内的叶片旋转,测试设备会根据叶片转速计算出滚流比并输出。实验滚流比定义为

$$TR = V_t / V_p$$

式中:V_t 是滚流测试台架中叶片风速仪转速,V_p 是进入气缸内流体流量比拟活塞速度。

图 3-13　滚流形成过程

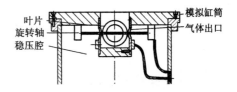

叶片
旋转轴
稳压腔
模拟缸筒
气体出口

图 3-14　FEV 滚流测试台架

滚流和涡流一样依靠流动边界形成。涡流的边界是气缸环向壁面,气缸环向壁面是固定的。滚流的边界是气缸或燃烧室纵向壁面,纵向壁面在活塞运动中不断变化,所以滚流变化比涡流复杂。滚流不仅依赖气道,更依赖燃烧室形状,点火时刻滚流比大小以及方向主要取决于燃烧室形状。图 3-15 所示是一种直喷汽油机燃烧室,当活塞向上运动时,挤流促使燃烧室右半部气体进入左半部,并在左半部燃烧室壁面作用下形成滚流。随着活塞向上运动,燃烧室左半部的滚流逐渐加强,当达到上止点时滚流被压碎形成湍流。

3. 挤流

在压缩过程后期,活塞表面的某一部分和气缸盖彼此靠近时所产生的径向或横向气流运动称为挤压流动,简称挤流(图 3-16),其作用是增强燃烧室内的湍流强度。挤流强度由挤气面积和挤气间隙的大小决定,定义为

$$SF = \frac{\left\{ \dfrac{d}{4z} \left[\left(\dfrac{D}{d} \right)^2 - 1 \right] \dfrac{V_B}{V_B + Az} \right\} v_p}{V_p} \tag{3-33}$$

式中:v_p 为活塞瞬时速度,V_p 为活塞平均速度,d 为活塞凹坑开口直径,D 为气缸直径,z 为

缸盖到活塞顶面的距离,V_B 为燃烧室容积,A 为气缸截面面积。

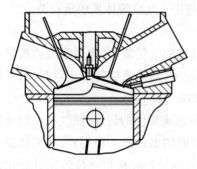

图 3-15　直喷汽油机燃烧室

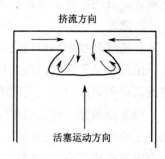

挤流方向

活塞运动方向

图 3-16　挤流产生的过程

当活塞下行时,燃烧室中的气体向外流到环形空间,产生膨胀流动,称为逆挤流,它有助于燃烧室内的混合气与气缸内的空气混合。缩口型燃烧室能够产生较强的挤流和逆挤流。

4. 湍流

湍流能够改善燃油与空气的混合,提高火焰传播速度。湍流尺度大小与内燃机类型、结构、燃烧室和进气系统几何形状以及运行工况均有关系,并受挤流的强烈影响。燃烧室内湍流并不均匀,可定义湍流强度为

$$TF = \frac{\sum_{i=1}^{N} \left(\frac{2}{3}k_i\right)^{1/2} m_i}{V_p \sum_{i=1}^{N} m_i} \tag{3-34}$$

式中:V_p 为活塞平均速度,k 为湍流动能,m 为微元体质量,i 为微元体序号,N 为微元体总数。如果是计算缸内总体平均值,则 N 为缸内微元体总数;如果是计算截面平均值,则 N 为截面内微元体总数。按照湍流强度等值线设计燃烧室壁面轮廓,能在不改变湍流区域特性的情况下,消除极低湍流强度区。

在喷雾穿过区域,喷雾阻力使平均涡流速度下降,并能在一定程度上改变缸内总的流型(如涡流中心有位移)。在喷雾射流周边区域,强烈的剪切作用使湍流度增强。一般情况下,喷射产生的附加湍流可以达到由涡流与挤流相互作用所产生的最高湍流水平。喷雾对缸内流体运动的影响在某种程度上取决于喷雾和喷射前缸内流场的相对强度。如果喷射前流场很弱,例如对于大型船用柴油机的所谓"静态"燃烧室(Quiescent Combustion Chamber,即挤流、涡流相互作用较弱的燃烧室),喷雾引发的运动占绝对优势,而初始流场对此时缸内流动几乎没有任何影响;反之,如果喷射前流场很强,即当喷射压力低而涡流比相当大,则进气和挤压过程中所产生的气流运动将对缸内流场始终起主导作用。在这两种极端情形之间,喷雾和初始流动的影响都是重要的。

燃烧对缸内气体运动的影响主要表现为一种客观的后果。在单室式均匀充量汽油机中,这种影响很不明显。在火焰锋到达某点之前,当地的流动状态与拖动产生的流态几乎没有什么差别。但在分隔式或存在挤流的汽油机中,由于燃烧室各部位之间存在着相当大

的流动阻力,燃烧对流场的影响就变得显著。柴油机喷雾周边的混合气着火后,发生迅速而强烈的预混合燃烧,从而产生很大的膨胀速度,并在接近上止点前引起强的逆挤流,使涡流有所削弱,湍流增强。

表 3-1 给出了一台车用柴油机缸内湍流参数,这些数据是在单一测点获得的,并不能完全反映缸内各点的状态,因为缸内湍流是非均匀的。(表中 Kolmogorov 微尺度 l_k 和 τ_k 并非测量值,而是利用各向同性湍流耗散率关系推算出来的。)

表 3-1　车用柴油机缸内湍流尺度的量级

	$u/(\text{m/s})$	$U/(\text{m/s})$	l_1/mm	l_T/mm	l_k/mm	τ_1/ms	τ_T/ms	τ_k/ms
吸气中期	5.0	20	4.0	1.0	0.02	0.4	0.07	0.04
压缩后期	1.5	10	4.0	1.0	0.03	0.8	0.20	0.12

可以看出,涡团的积分尺度与微尺度之比几乎不随曲轴转角改变,而保持大约 4:1 的关系,其绝对数量级远远小于燃烧室尺寸(缸径和冲程均约 100 mm,阀径及阀最大升程约为 40 mm 和 10 mm,顶隙 10 mm)。相应的时间尺度之间大约也是同样的比值。积分时间尺度为活塞行程时间的 2% ~ 3%,这意味着在吸气和压缩行程中,涡团的平均寿命远小于其允许滞留时间(residence time)。Kolmogorov 尺度的大小表明分子混合过程发生在很薄的(量级为 0.01 mm)区域内,而且其速度比大尺度过程要快一个量级。

3.4　内燃机缸内流动的演变

本节讨论从进气门打开一直到压缩上止点这一段时期缸内气流的演变过程,并对上止点附近的流场进行详细分析。进气过程和压缩过程缸内流动分析对象为一双进气道柴油机,气道形式及活塞凹坑形状如图 3-17 所示。对于压缩上止点附近的缸内流场,借助一系列具有代表性和可比性的燃烧室进行研究。由于缸内流场与活塞速度之间存在线性关系,并且与发动机运行工况无关,所以在研究气流平均速度和湍流脉动速度时均采用活塞速度正交化。

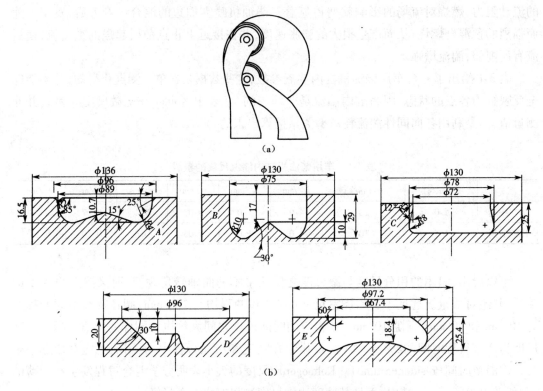

图 3-17 双进气道柴油机气道形式和活塞凹坑形状

(a)气道形式 (b)活塞凹坑形状

3.4.1 进气过程

在进气冲程中,活塞凹坑形状的影响很小,缸内流动模式主要由进气气流的流动形式及其与气缸、活塞的碰撞过程决定。

图 3-18 所示是进气冲程初期一个典型时刻(曲轴转角 35°CA ATDC)缸内流场。锥形进气射流猛烈撞击活塞和气缸壁面,在气缸周边(图 3-18(a))形成一个环形涡流,在中心部分两股进气射流合并并撞击活塞凹坑底部,形成另一个环形涡流。燃烧室内湍流强度高度不均匀,气流与壁面相互作用最剧烈处,湍流强度很大,如图 3-18(b)所示。

图 3-19 所示是距离缸盖底面 10 mm 的横截面上的无量纲速度场。可以看到,该横截面存在几种涡流,没有一种占明显优势,但它是一个对称的流场,对称面为两个进气阀之间的竖直平面。

图 3-20 所示是进气冲程中期一个典型时刻(曲轴转角 115°CA ATDC)缸内流场,是由气缸轴线和一个气阀轴线组成的纵截面上的流场。由于此时活塞速度变化平稳,进气阀充分开启,进气过程初期产生的各种小环形涡流已经消失,取而代之的是在气缸中部的一个大的顺时针旋涡,如图 3-20(a)所示。喷向气缸中部的射流没有直接与活塞表面碰撞,而是向前运动,碰上气缸壁面后,改变方向,转向活塞表面,由此形成一个沿壁面延长的旋涡。湍流速度明显呈现分层现象(图 3-20(b)),靠近气缸壁的气阀附近,即气流喷射入口处,湍

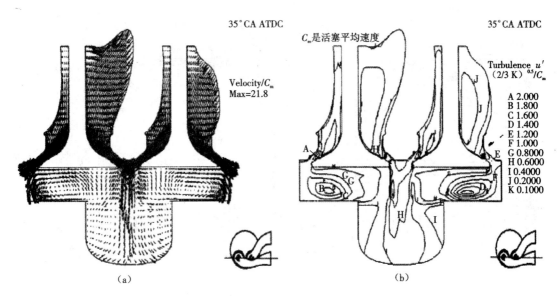

图 3-18　35°CA ATDC 时缸内纵截面上的流场

（a）速度场　（b）湍流场

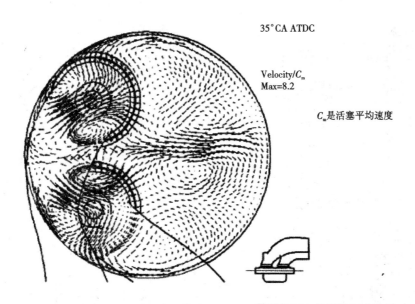

图 3-19　35°CA ATDC 时距离缸盖底面 10 mm 的横截面上的无量纲速度场

流速度最大,靠近活塞表面处,湍流速度最小。

　　图 3-21 所示是进气冲程后期一个典型时刻(曲轴转角 165°CA ATDC)缸内流场。此时活塞接近下止点,速度降低,进气阀逐渐关闭,进气流速降低(图 3-21(a)),剪切作用减弱,湍流衰减速度加快。尽管此时阀口附近存在一个小小的强湍流区域(图 3-21(b)),但总体来说,整个流场的湍流已变得十分均匀。

　　图 3-22 所示是整个进气冲程缸内质量平均涡流比和湍流速度轴向分布。图中 dist z 表示离开缸盖的距离。进气冲程初期,湍流速度较高,并且严重不均匀,这个阶段各个截面上

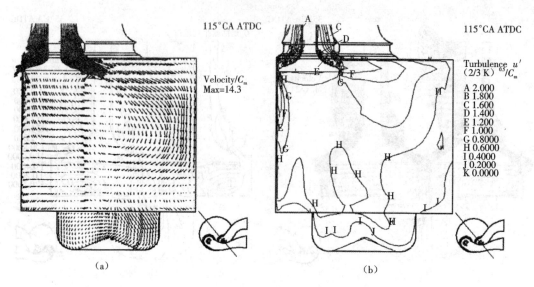

图 3-20　曲轴转角 115°CA ATDC 时缸内纵截面上的流场

(a)速度场　(b)湍流场

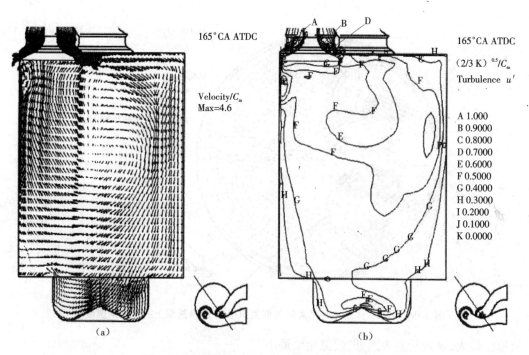

图 3-21　曲轴转角 165°CA ATDC 时缸内流场

(a)速度场　(b)湍流场

的涡流速度也较小。进气冲程中期,整个流场的湍流速度降低并趋于均匀,而涡流出现明显分层。进气冲程后期,由于气阀逐渐关闭,靠近缸盖处涡流逐渐减少,由于活塞的卷吸作用,靠近活塞表面处涡流达到最大,并且基本保持不变。

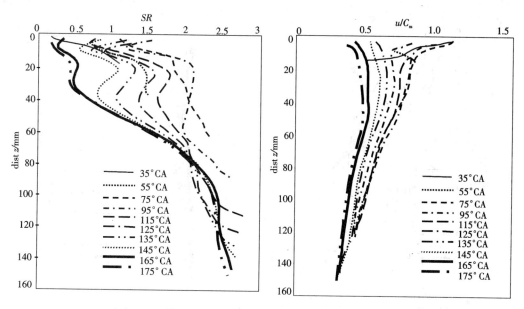

图 3-22　进气冲程缸内质量平均涡流比和湍流速度轴向分布

3.4.2　压缩冲程

图 3-23 所示为压缩过程质量平均涡流比和湍流速度轴向分布。在压缩冲程初期,进气冲程末期形成的分层涡流结构仍然存在。在压缩冲程中期,如曲轴转角 256°CA(ATDC)时,气缸各截面涡流十分接近,进气过程产生的湍流在压缩过程衰退很快,并继续保持均匀分布。在 225~300°CA(ATDC)范围内,轴向湍流速度分布几乎均匀不变。

图 3-24 所示为活塞结构对吸气、压缩过程中质量平均涡流比和湍流速度的影响。可以看到,活塞凹坑形状对吸气过程影响不大,对压缩过程前半阶段(BDC—265°CA ATDC)的影响也不大,只是在后半阶段(265°CA ATDC—TDC)特别是在上止点附近,活塞结构对缸内涡流比和湍流才有较大影响。实际上,活塞凹坑容积和形状的影响是不同的,下节将予以详细讨论。

3.4.3　上止点附近涡流比

本节采用三种简化燃烧室研究上止点附近涡流比的变化规律。简化燃烧室虽然在工程实际中不适用,但却能突出燃烧室结构参数的影响,使研究结果更清晰明了。

三种简化燃烧室分别命名为敞口型 A、直口型 B 和缩口型 C。它们高度一致、容积相等、平均半径也相等,如图 3-25 所示。模拟柴油机的基本参数见表 3-2。从进气门关闭后某一时刻(130°CA BTDC)开始到 50°CA ATDC 结束,三种燃烧室计算初始条件相同;采用 360°网格,气缸部分最大网格数为 24×70×17。

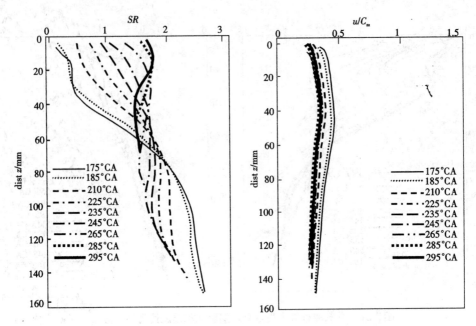

图 3-23　压缩过程质量平均涡流比和湍流速度轴向分布

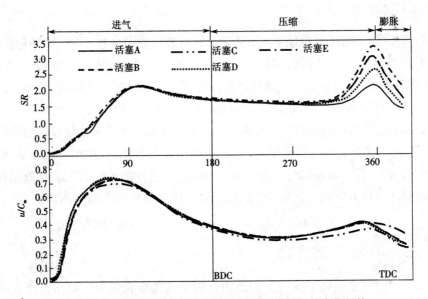

图 3-24　质量平均涡流比和湍流速度随曲轴转角的变化规律

表 3-2　模拟柴油机的基本参数

缸径/mm	冲程/mm	压缩比	初始涡流比	余隙高度/mm	转速/(r/min)	连杆长度/mm
85	95	18	1.8	1	1 600	160

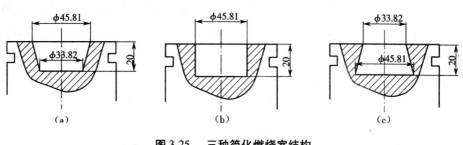

图 3-25 三种简化燃烧室结构

(a)敞口型 (b)直口型 (c)缩口型

1. 缸内平均涡流比

图 3-26 所示是缸内平均涡流比随曲轴转角的变化规律。对于三种燃烧室,缸内平均涡流比随曲轴转角的变化规律基本相同,缩口燃烧室并不能增大平均涡流比,仔细观察上止点附近数值可以看到,缩口燃烧室涡流比还略低于其他两种燃烧室。

如图 3-27 所示,三种燃烧室角动量变化规律基本相同。气缸内流体在切向只受到壁面摩擦力和流体粘性力的作用,根据能量守恒定律,角动量不会增加,只能不断减少。当活塞向上运动时,气体被压入燃烧室,旋转半径缩小,流动速度加剧,摩擦耗散增大,所以角动量迅速下降。但由于回转半径减少得更剧烈,所以总的结果是涡流比(切向速度)急剧增加。当活塞向下运动时,气体冲出燃烧室,回转半径迅速增加,所以涡流比(切向速度)急剧下降,因此涡流比在上止点附近会出现峰值(图 3-26)。缸内平均涡流比并不对上止点对称,因为上止点后流体的角动量低于上止点前流体的角动量。

缩口燃烧室入口处流动截面变化较大,摩擦耗散剧烈,因此角动量下降得相对较大(图 3-27)。三种燃烧室平均半径相同,因此缩口型燃烧室在上止点附近的缸内平均涡流比略低于其他两种燃烧室。

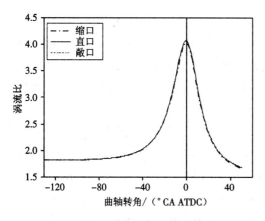

图 3-26 缸内平均涡流比随曲轴转角的变化规律

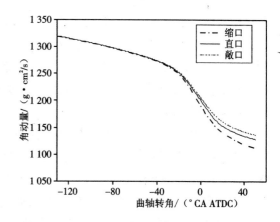

图 3-27 缸内角动量随曲轴转角的变化规律

总之,缸内平均涡流比取决于平均旋转半径、初始角动量和摩擦耗散三个因素,随旋转半径减小和角动量增加而增加,随摩擦耗散增加而减小。燃烧室结构形状并不能改变平均涡流比,只有减小燃烧室平均旋转半径才能改变平均涡流比。压缩比增加,余隙减少,进入燃烧室气体质量增多,气体平均旋转半径减小,所以总体平均涡流比增加;初始涡流比增加,初始角动量增加,所以压缩比和初始涡流比增加均会增加上止点附近总体平均涡流比。

2. 横截面上平均涡流比

图 3-28 所示为 $15°CA\ BTDC$ 和 TDC 两个时刻燃烧室横截面上平均涡流比随高度的变化情况,横坐标为横截面在竖直方向(z 向)的位置,定义燃烧室底部截面位置为 0。对于缩口型燃烧室,随 z 向高度增加,气体旋转半径缩小,横截面切向涡流比逐渐增加。在压缩过程中,气体经燃烧室入口,逐渐运动到燃烧室底部,这个过程存在摩擦耗散,气体角动量迅速降低。所以,对于直口型燃烧室,虽然气体旋转半径相同,各横截面切向涡流比也不尽相同,而是靠近燃烧室入口涡流比大,靠近燃烧室底部涡流比小;对于敞口型燃烧室,底部旋转半径减小,能够抵消部分摩擦耗散作用,而使各横截面切向涡流比近似相同。

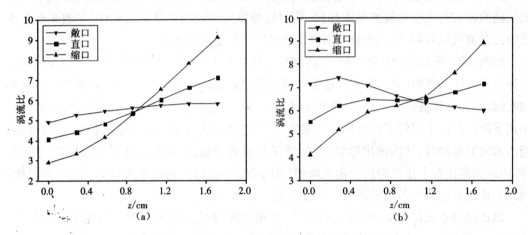

图 3-28　燃烧室横截面上平均涡流比随高度的变化

(a) $15°CA\ BTDC$　　(b) TDC

横截面平均涡流比沿 z 向的变化有急有缓。以缩口型燃烧室为例,在 $15°CA\ BTDC$ 时刻(图 3-28(a)),横截面平均涡流比梯度在燃烧室上半部较大,在靠近底部较小;在 TDC 时刻(图 3-28(b)),横截面平均涡流比梯度在靠近入口处和靠近底部处较大,在中部截面较小。对于直口型燃烧室,横截面涡流比也有类似的特征。对于敞口型燃烧室,由于截面半径的影响,类似特征相对较弱。

图 3-29 所示是三种燃烧室纵向剖面速度矢量图。挤流进入燃烧室后在纵剖面形成两个涡旋,这些涡旋是围绕气缸轴线的涡环,靠近燃烧室中部的是一个较大的涡环,处于燃烧室入口外缘的是一个较小的涡环。比较图 3-28 和图 3-29 可以看到,凡在涡环作用区,横截面平均涡流比梯度就大;离开涡环作用区,横截面平均涡流比梯度就小。涡环强度越大,横截面平均涡流比变化就越剧烈;涡环强度趋弱,横截面平均涡流比变化趋缓。在 $15°CA\ BT-DC$ 时刻(图 3-29(a)),考察区域内只有一个涡环(靠近入口外缘的小涡环,即使对 $z = 1.8$ cm 截面影响也不太明显),对应图 3-28(a)上一个大的涡流比梯度区;在 TDC 时刻(图 3-29(b)),燃烧室内有两个涡环,对应图 3-28(b)上两个大的涡流比梯度区。图 3-28 和图 3-29 存在的这种对应关系表明,涡环起着传递角动量的作用,涡环强度越大,横截面间角动量传

递速率越大,横截面平均涡流比梯度越大。

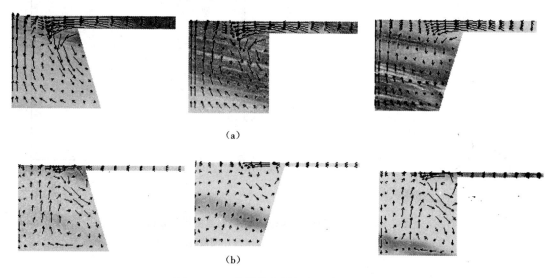

(a)

(b)

图 3-29　三种燃烧室纵向剖面速度矢量图

(a)15°CA BTDC 时刻,最大箭头速度 $V_{max} = 30.0$ m/s　(b) TDC 时刻,最大箭头速度 $V_{max} = 30.0$ m/s

3. 横截面内切向速度分布

涡环不仅能够加快截面之间的角动量传递,而且影响着同一截面内的切向速度分布。截面切向速度分布远不能认为是刚体流或势流。

截面切向速度可分为四个区(图 3-30 和图 3-31):①区为靠近气缸中心线区域,非涡环影响区,呈刚体流状态;②区为大涡环影响区域,呈刚体流状态;③区为大涡环和小涡环交界区,流动状态由两个涡环的影响程度决定,介于刚体流和势流中间;④区为小涡环影响区或近壁区,呈势流状态。

图 3-29 表明,大涡环对上部截面(如燃烧室入口截面)作用强度大(速度大)、作用范围小,对下部截面(如中间截面)作用范围大、作用强度弱;对应图 3-30 和图 3-31,中间截面②区范围大、斜率小(角速度低),入口截面②区范围小、斜率大(角速度高)。在大涡环作用范围大的截面,如图 3-30(b)的②区以及图 3-31(b)的②敞口区,截面切向速度近似呈刚体流分布。

在大、小涡环分区作用强度相当的截面(图 3-30(a)和图 3-31(a)),截面切向速度分布可近似看作刚体流与势流组合,其中涡环强度越大,对刚体流或势流部分的扭曲(非线性)越严重(图 3-31(a))。在大、小涡环共同作用的截面,如图 3-31(b)中的②、③、④区,上表面受小涡环作用,下表面受大涡环作用,此时截面切向速度分布十分复杂,可近似看作均匀流。缩口燃烧室内涡环强度大,作用范围广,截面切向速度分布相对复杂。总体来说,涡环有促使截面切向速度均匀的作用。通过上面分析可以得到以下结论。

(1)上止点附近缸内总体平均涡流比仅取决于气流旋转半径、初始角动量及摩擦耗散。

(2)上止点附近燃烧室横截面上平均涡流比除取决于旋转半径、初始角动量和摩擦耗散外,还受燃烧室内涡环的影响,涡环的强弱取决于活塞开口形式。

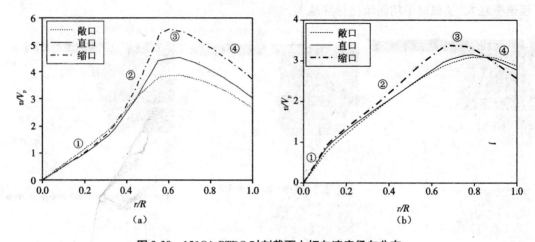

图 3-30　15°CA BTDC 时刻截面上切向速度径向分布

(a)燃烧室入口截面(活塞顶面)　(b)燃烧室中间截面(高度 1/2 处)

v—当地切向速度;V_p—活塞平均速度;r—当地半径;R—当地截面最大半径

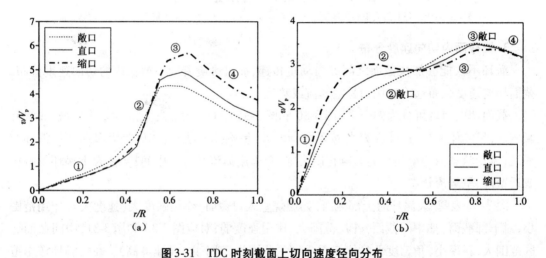

图 3-31　TDC 时刻截面上切向速度径向分布

(a)燃烧室入口截面(活塞顶面)　(b)燃烧室中间截面(高度 1/2 处)

v—当地切向速度;V_p—活塞平均速度;r—当地半径;R—当地截面最大半径

(3)燃烧室横截面上切向速度分布十分复杂。在主要由大涡环作用的截面,切向速度分布基本上是刚性流;在小涡环作用区域,切向速度分布可以看作是势流;在大、小涡环共同作用的截面,切向速度分布可以看作是均匀流;在大、小涡环分区作用的截面,切向速度分布可以看作是刚性流与势流的组合。

参考文献

[1]解茂昭. 内燃机计算燃烧学[M]. 2 版. 大连:大连理工大学出版社, 2005.

[2]马贵阳,解茂昭. 用 RNG $k-\varepsilon$ 模型计算内燃机缸内湍流运动[J]. 燃烧科学与技术,

2002, 8(2): 171 - 175.

[3] Rutland C J. Large-eddy simulations for internal combustion engines - a review[J]. International Journal of Engine Research, 2011, 12(8):421 - 451.

[4] Celik I, Yavuz I, Smirnov A. Large eddy simulations of in-cylinder turbulence for internal combustion engines: a review[J]. International Journal of Engine Research, 2001, 2(2): 119 - 148.

[5] Banerjee S, Liang T, Rutland C J, et al. Validation of an LES multi-mode combustion model for diesel combustion. SAE Technical Paper Series, 2010-01-0361.

[6] 王天友, 林荣文, 刘书亮, 等. 直喷式柴油机进气道变压差稳流试验方法的研究[J]. 内燃机学报, 2005, 23(2): 131 - 136.

[7] Heywood J B. International combustion engine fundamentals[M]. New York:McGraw-Hill, 1988.

[8] Payri F, Benajes J, Margot X, et al. CFD modeling of the in-cylinder flow in direct-injection diesel engines[J]. Computers & Fluids, 2004, 33: 995 - 1021.

[9] Wu H W, Perng S W. Numerical analysis of thermal turbulent flow in the bowl-in-piston combustion chamber of a motored engine[J]. International Journal of Thermal Sciences, 2004,43: 1011 - 1023.

[10] Jinou Song, Chunde Yao, Yike Liu, et al. Investigation on flow field in simplified piston bowls for DI diesel engine[J]. Engineering Applications of Computational Fluid Mechanics, 2008, 2(3): 354 - 365.

第4章　燃油喷射、雾化与混合气形成

4.1　内燃机燃油供给系统

缸内混合气形成方式决定了内燃机的形式。汽油和柴油燃料性质不同,导致混合气形成方式不同,由此形成了汽油机和柴油机。汽油挥发性好,早期汽油机采用装在进气总管上的化油器向缸内供给燃油。为了精确控制空燃,采用排气后处理装置(催化转化器)、电控喷射技术取代了化油器。最初电喷汽油机的喷油器安装在进气总管(中央单点喷射)或进气道(气道多点喷射),而现在采用缸内直喷技术已成为汽油机的发展趋势。进气总管或气道喷射的喷油压力一般为 0.25 ~ 0.4 MPa;直喷汽油机的喷油压力较高,为 4 ~ 14 MPa。柴油挥发性差,早期柴油机采用分隔式燃烧室,利用强烈的空气运动强化燃油与空气的混合。分隔式燃烧室由主室和副室(如预燃室或涡流室)组成。副室为预燃室的柴油机,可燃混合气主要在主室中形成,燃料喷入预燃室,部分燃料着火,燃烧引起预燃室压力升高;预燃室内高压混合物高速射入主燃室,在主燃室内形成可燃混合气并燃烧。副室为涡流室的柴油机,可燃混合气在副室形成,燃油喷入涡流室,在强烈的压缩涡流作用下形成可燃混合气,着火后再喷入主燃烧室,通过二次流动进一步与主燃烧室内的空气混合并燃烧。分隔式燃烧室流动损失大,随着喷油技术的发展,直喷式燃烧室取代了分隔式燃烧室,而现在采用电控高压共轨技术已成为柴油机的发展趋势。采用分隔式燃烧室的柴油机,喷油压力一般为 12 ~ 14 MPa;采用泵 - 喷嘴系统的直喷柴油机,喷油压力可达 180 MPa;电控高压共轨喷油技术,喷油压力可达 200 MPa 以上。

缸内直喷汽油机与电控高压共轨柴油机的燃油供给系统多种多样,但基本外观相似,如图 4-1 所示。油箱中的燃料经滤清器与输油泵送至高压油泵,但高压油泵不直接产生燃料喷射,只将高压燃料送入蓄压管道(亦称共轨管)中。燃料喷射则是由电子控制器(Electronic Control Unit,ECU)控制喷嘴上的电磁阀,接通高压共轨与喷嘴来实现。这种系统能产生较高的喷油压力,且压力基本恒定而不受柴油机转速与负荷的影响,属于恒压式燃料供给系统。由于燃料喷射是采用电磁阀控制,比较容易对喷油时刻与喷油持续期进行调节,能够实现较为理想的喷油规律,并且能够对循环喷油量进行精确控制,保证各缸循环喷油量一致。图 4-2 所示是经典的直接控制式电控喷油器结构,通过电磁阀控制一个控制油腔中燃油压力的泄放和建立,从而控制针阀的抬起和关闭,控制油腔下面控制柱塞的行程与针阀升程一致。

利用电控共轨喷油系统可实现多种精确控制的喷油规律。例如,一些高速柴油机,在每次循环主喷射之前,先喷入一微小油量,用来减短滞燃期,提高缸内的局部湍流,降低噪声与 NO_x 的排放,这一措施称为预喷(Pre-Injection)或先喷(Pilot-Injection),预喷或先喷有的

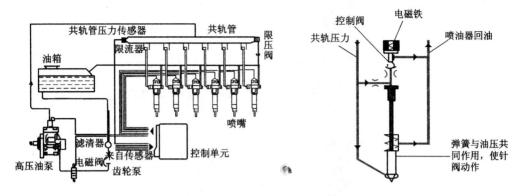

图 4-1　电控共轨喷油系统　　　　　　　　图 4-2　电控共轨喷油器工作原理

一次也有的两次。另外,还可以进行一次或两次微量后喷(After-Injection)或迟喷(Post-In-jection),以提高排气温度,改变排气成分,更好地消除 CO、HC、NO_x,并降低碳烟排放,为排气后处理创造有利条件。

以往的脉动式机械供油系统,如泵 - 管 - 嘴系统,由于高压油泵直接产生燃料喷射,燃油又存在可压缩性,泵端压力以声速向嘴端传递,并根据嘴端与泵端的边界条件在高压油管内来回反射。各种压力波在传播过程中的不当反射和叠加,不仅导致供油时刻与喷油时刻不同,供油规律与喷油规律不同,也会导致燃油喷射系统发生异常喷射。采用电控共轨的恒压式供油系统,彻底消除了这些现象。

4.2　高压油管内的燃油流动

4.2.1　高压油管中的水击现象

在高压燃油的输送过程中,高压油泵的启动或关停和电控喷油器控制阀的开或关,会使高压燃油流速急剧变化,从而引起管内燃油压力突变,出现压力声荡,压力声荡有时会使管壁产生振动并伴有锤击声,称为水击现象。燃油从喷嘴喷出的速度很高,但在高压油管内的流速很低,所以一般高压油管内水击压力波的传播速度近似为声速。同样强度的水击压力波出现在油轨造成的影响要比出现在高压油管内造成的影响小,所以对水击振荡的分析主要集中在高压油管内。

水击压力波会引起喷射压力的脉动变化。图 4-3 所示为在不同喷射压力和背压条件下,在定容弹内喷射柴油时高压油管出口处的压力变化。由图可以看到,高压油管出口压力的脉动由高频脉动和低频脉动组成。无论背压如何,喷射压力提高,会使低频脉动波幅增加,高频脉动频率增加;而背压增加,会使低频脉动波幅下降,高频脉动波幅增大。

水击压力波在喷油器与油轨之间高压管路内传播和反射,不仅会影响本次燃油喷射,在多次喷射情况下,前次喷射引起的压力波还会严重影响后次燃油喷射,并影响系统理想喷油规律的实现。图 4-4 所示为实验测得的一喷油器进行两次喷射时预喷和主喷油量与间

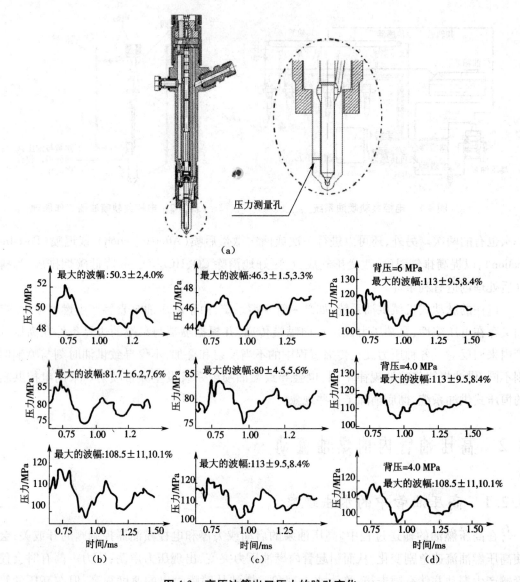

（a）

图 4-3　高压油管出口压力的脉动变化

（a）压力测量位置　（b）背压 2.0 MPa　（c）背压 6.0 MPa　（d）喷射压力 110 MPa

歇时间的关系。图中，预喷脉宽 0.4 ms，主喷脉宽 0.6 ms，高压管长 60 cm，轨压 100 MPa，间歇时间指预喷驱动电流结束时刻和主喷电流初始时刻之间的间隔。在预喷油量不随间歇时间变化的情况下，预喷产生的压力波明显影响主喷油量，使主喷油量随间歇时间波动。水击压力波与轨压、高压油管长度及喷油脉宽的关系如图 4-5 所示。图 4-5 为喷油结束、针阀关闭后测得的高压管道内针阀处水击压力波的变化。可以看到，水击压力波幅值随共轨管内压力增大而增大，随高压油管长度减小而减小。在喷油脉宽从 0.2 ms 增大到 1.4 ms 的过程中，喷油器入口燃油压力波动幅度先增大后减小。可以预见，增加共轨管容积及高压油管直径可以降低水击压力波幅值，减小高压油管长度可以提高水击压力波频率。

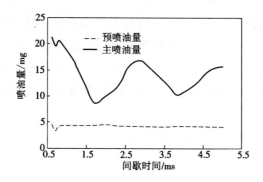

图 4-4　主喷、预喷油量与间歇时间的关系

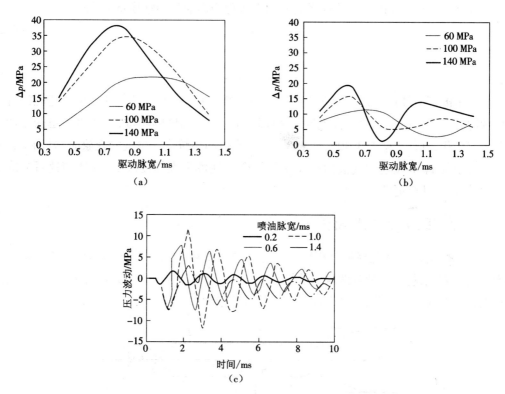

图 4-5　水击压力波与轨压、高压油管长度及喷油脉宽的关系

(a)管长 60 cm　　(b)管长 14 cm　　(c)喷油脉宽影响

4.2.2　高压油管中燃油的可压缩性

　　水击现象的出现主要是因为高压燃油供给系统中燃油的可压缩性。可压缩流体的流动是非定常流动并取决于压力波,一切影响压力波的因素均与水击现象有关。这些因素有:喷油系统中的各种容积,油管长度,油管壁面的粗糙度、弹性和变形,燃油的物理特性(压缩性、粘度、密度),流体阻力以及流通截面的急剧过渡等。

　　研究表明,如果燃油粘度不大且高压油管长度 $L \leqslant 1$ m 时,燃油粘度对喷油过程的影响可忽略不计。另外,对于现代高速柴油机,忽略高压油管变形所带来的最大计算误差 <

5%。所以,燃油在高压油管中的流动阻力以及油管的变形在计算中一般忽略不计。对于直径小于 600 mm 的管道,不考虑压力和速度沿管道横截面分布的不均匀性,计算结果也能令人满意地与实验数据相符合。大多数柴油机供油管路直径小于 3 mm,在研究喷油过程时,不考虑压力和速度沿管道截面的分布。这样,燃油在高压油管内的流动就可以看作是一维流动。

燃油的可压缩性可以用压缩性系数 β 来表示,有

$$\beta = \frac{dV}{Vdp} \tag{4-1}$$

它表示单位压力的变化引起的容积的相对变化。当压力变化为 0 ~ 50 MPa 时,柴油的 $\beta = (4 \sim 6.5) \times 10^{-4}/\text{MPa}$。压缩性系数 β 的倒数称为燃油的弹性模量 E,即

$$E = 1/\beta \tag{4-2}$$

燃油中的声速为

$$a = \sqrt{E/\rho} \tag{4-3}$$

燃油中的压力波近似以声速在高压油管中传播,而声速表达式本身就是描述燃油可压缩性的物态方程。由于燃油弹性模量和密度均为压力和温度的函数,因此声速也随燃油压力和温度变化,其值一般为 1 300 ~ 1 500 m/s。当燃油系统内产生气穴现象时,燃油中含有的大量微小气泡,导致这种气液两相介质的组合弹性模量大幅度降低,致使声速可能降至 800 ~ 900 m/s,甚至更低。

4.2.3　高压油管中燃油流动方程

柴油机燃料供给系统理论分析简化物理模型如图 4-6 所示,列出高压油管中燃油一维不定常流动方程,将高压油管两端的油轨和喷油器作为高压油管的边界,建立边界方程,然后根据它们之间的相互关系,耦合成一个整体进行求解。

图 4-6　供油系统简化物理模型

高压油管中波的传播速度一般为 1 300 ~ 1 500 m/s,而燃油流速最大仅为 20 ~ 30 m/s。每一次喷油循环,被喷入气缸的燃油只在喷油期间移动了 10 ~ 15 cm。所以,燃油在高压油管中的流动过程可用第 2 章中的小扰动波理论来分析,即

$$\frac{\partial \rho}{\partial t} + \rho \frac{\partial u}{\partial x} = 0 \tag{2-7}$$

$$\frac{\partial u}{\partial t} + \frac{1}{\rho} \frac{\partial \rho}{\partial x} = 0 \tag{2-8}$$

利用式(4-1)至式(4-3),联立方程(2-7)和(2-8),得

$$\frac{\partial u}{\partial x} = -\frac{1}{a^2\rho}\frac{\partial \rho}{\partial t} \tag{4-4}$$

方程(2-8)和式(4-4)联立,又称 H. E. 儒可夫斯基液力冲击理论方程。

高压油管燃油流动方程求解的初始条件是速度和压力(绝压)。在大多数情况下,可取高压油管中的初始速度为零,油管中的初始压力的大小对计算并不产生特别大的影响。

高压油管两端分别为油轨和喷油器控制油腔,如果忽略其中燃油速度,则高压油管燃油流动方程求解的边界条件就是其中的燃油压力。这样,边界方程可表示为

$$\frac{\mathrm{d}p_i}{\mathrm{d}t} = \frac{1}{\beta V_i}\left(\frac{\mathrm{d}V_i}{\mathrm{d}t} - \sum \overline{Q}_i\right) \tag{4-5}$$

其中,$\overline{Q} = F_i\mu\left(\frac{2\Delta p_i}{\rho}\right)^{0.5}$ 是流入油轨或流出喷油器控制油腔的燃油流量。

4.3　柴油机喷嘴内部的空化现象

4.3.1　喷嘴内部空化现象的形成

在现代高压喷射条件下,燃油进入喷孔后流速很高,其静压可能下降到饱和蒸气压以下,燃油发生气化而形成气泡,从而在喷孔内形成局部的气液两相流,这就是空化现象。空化现象表现形式与喷嘴类型有关。由可视化实验发现,对图4-7(a)所示的 Sac 型喷嘴,当油针位置较低时(油针抬起或落下过程),在喷孔中心出现空泡(即图4-8中的线型空泡,String-type Cavitation),当油针逐渐提高时,在喷孔入口壁面会出现空泡(即图4-8中的膜型空泡,Film-type Cavitation),这时如果油压较高,线型空泡会消失。对图4-7(b)所示的 VCO(Valve-covered Orifice)型喷嘴,在油针抬起和落下以至整个喷油过程中只出现沿喷孔壁面的膜型空泡(但油针低升程时临界空化数要比高升程时高,即低升程相对高升程不易空化)。膜型空泡是喷口入口处发生边界层分离而引起的;线型空泡是由于油针对 Sac 型喷嘴中流体扰动,引起 Sac 型喷嘴中流体产生湍流旋涡而引起的。

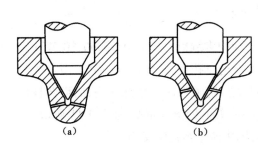

图4-7　实验喷嘴结构简图

(a)Sac 型喷嘴　(b)VCO 型喷嘴

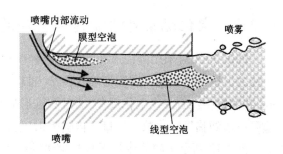

图4-8　喷孔内流动和空化示意图

　　随着喷油压力增加,在喷孔入口处出现的膜型空泡会逐渐向出口发展,当膜型空泡发展到喷孔出口时,喷孔内流动进入超空化或全空化流态,如图4-9所示。当喷射速度很高时,空泡区消失,环境空气会进入喷孔,在喷孔壁面形成一薄层气体,形成所谓的挑射液流(hydraulic flip);如图4-10所示。

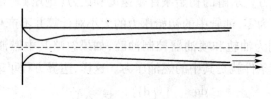

图4-9　喷孔内超空化示意图

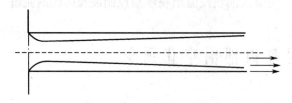

图4-10　喷孔内挑射液流示意图

　　空化过程是不稳定过程,喷油过程中如发生空化现象,则空泡会不断急速产生和溃灭,空泡区也会不断急速伸延和收缩,由此产生的液力冲击会对固体表面产生疲劳破坏,从而造成喷嘴的气蚀磨损。实验发现,VOC型喷嘴气蚀主要发生在喷嘴入口附近表面,主要由膜型空泡造成;而Sac型喷嘴气蚀主要发生在囊室和针阀,主要由线型空泡造成。空化的发生可根据空化数进行判断,空化数K定义为

$$K = \frac{P_i - P_v}{P_i - P_b}$$

式中:P_i为喷射压力,P_v为该喷射条件下燃油饱和蒸气压,P_b为背压。

　　在一定的环境压力下,每一喷射压力均存在一个临界空化数。当空化数低于临界空化数时,空化就会发生。临界空化数与喷射压力有关,随喷嘴两端压差增大而增大。

4.3.2　空化现象对喷嘴内部流动的影响

　　Payri等人对采用圆柱形和圆锥形两种喷孔的VOC型喷嘴分别在10,20,50,80 MPa四个压力下进行了实验。圆锥形喷孔由于入口孔径大于出口孔径,流体在入口处平滑进入喷孔,在实验中没有发生空化现象,通过圆锥形喷孔的流量随喷射压力增加而增加;而圆柱形喷嘴在达到临界空化数时流量不再随喷射压力增加而增加,即出现壅塞,如图4-11所示。

　　图4-12所示为喷孔流量系数与雷诺数的关系,图中流量系数定义为

$$C_d = \frac{\overline{m}}{A\sqrt{2\rho(P_i - P_b)}}$$

式中:A为喷孔横截面面积,ρ为燃油密度,$\overline{m}$为通过喷孔的燃油质量流率。

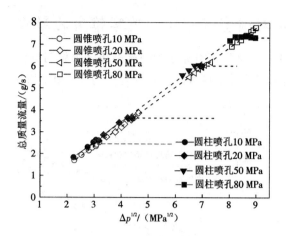

图 4-11　通过喷孔的总质量流量与压差的关系

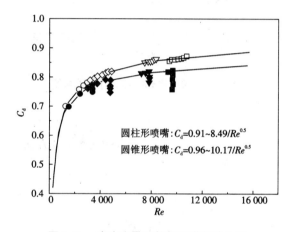

图 4-12　喷孔流量系数与雷诺数的关系

图 4-12 中雷诺数以喷孔出口位置计算，即

$$Re = \frac{D_o U_o}{\gamma} = \frac{D_o}{\gamma} \frac{\overline{m}}{A_o \rho}$$

式中：D_o 为喷孔出口直径，γ 为燃油动力学粘度，A_o 为出口横截面面积。

可以看到，圆锥形喷孔的流量系数随雷诺数增加而增加，且呈渐近线关系；圆柱形喷孔在某些雷诺数时，流量系数出现下降，这些流量系数下降点与图 4-11 发生空化现象点存在对应关系。空化减少了喷孔流通面积，引起流量系数减小，从而导致喷孔壅塞。

如果忽略空化点，则圆锥形喷孔与圆柱形喷孔的流量系数具有类似的变化规律，如图 4-12 所示。虽然圆锥形喷孔与圆柱形喷孔具有相同的出口直径，但圆锥形喷孔由于入口直径较大，流量系数也较圆柱形喷孔大。

通过流量系数与雷诺数的关系，也可以分析喷孔内流动状态。流量系数对雷诺数强烈依赖区域是层流运动区域，而流量系数与雷诺数无关区域则是湍流运动区域。从实验结果来看，即使在较高的雷诺数区域，流量系数仍与雷诺数存在密切关系，所以喷孔内流动仍不能认为是充分发展的湍流运动。

4.3.3　空化现象对喷雾贯穿距和喷雾锥角的影响

图 4-13 和图 4-14 所示是喷雾贯穿距和喷雾锥角随喷射时间的变化关系。图中给出了 VOC 型喷嘴采用圆锥形和圆柱形两种喷孔在喷射压力 30 MPa 和 60 MPa，背压 6 MPa 下的实验结果，其中圆柱形喷孔在喷射压力 60 MPa 时发生了空化。

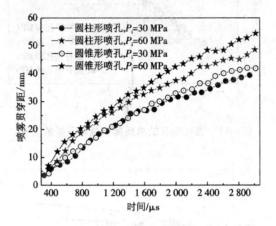

图 4-13　两种喷孔喷雾贯穿距的比较

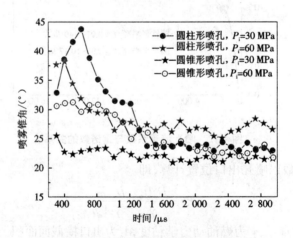

图 4-14　两种喷孔喷雾锥角的比较

　　两种喷孔的喷雾贯穿距均随喷射压力增加而增加，其中圆锥形喷孔贯穿距大于圆柱形喷孔贯穿距。圆锥形喷孔具有较大的进口直径，喷孔的锥度对喷孔内流体有加速作用，这导致圆锥形喷孔流体出口速度高于圆柱形喷孔。虽然出口速度对贯穿距有很大影响，但通过比较出现空化和未出现空化两种情况，也可以看出空化确实减小了贯穿距。

　　图 4-14 显示，喷射压力增加后，圆锥形喷孔喷雾锥角略有降低，而圆柱形喷孔喷雾锥角却有明显提高。实验表明，在空化出现时刻，喷雾锥角就立刻增大，而且随着空化的发展基本不变，直到超空化状态。图 4-13 和图 4-14 具有一致性：圆锥形喷孔比圆柱形喷孔贯穿距增大，所以喷雾锥角相对变小。

　　图 4-15 所示是 Sac 型喷嘴和 VOC 型喷嘴圆柱形喷孔内空化和喷雾锥角测量结果。

VOC 型喷嘴的喷雾锥角较小，而且在膜型空泡从喷孔入口延伸到出口整个过程中基本不变。Sac 型喷嘴的喷雾锥角明显比 VOC 型喷嘴大，并且随线型空泡厚度增加而增加。尽管线型空泡厚度随油针升程增大或喷油压力增大会减小，但它仍然是 Sac 型喷嘴喷雾锥角乃至雾化过程的主要影响因素。

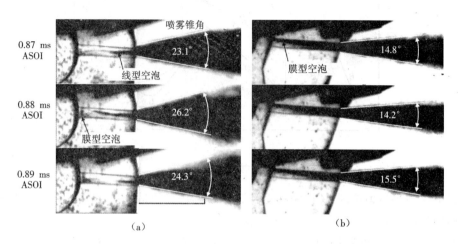

图 4-15　Sac 型喷嘴和 VOC 型喷嘴喷雾锥角和空化过程关系

(a) Sac 型喷嘴　(b) VOC 型喷嘴

4.4　喷雾与雾化

4.4.1　一般问题

喷雾 (spray) 是指独立液滴流在气相中的发展过程。表征喷雾的特性参数有液滴大小及分布、速度分布、温度分布、液滴数密度 (单位体积液滴数)、液滴体积分数。液滴运动过程因碰撞会发生碎裂和聚并，喷雾特性演化过程主要由液滴雾化过程决定。液滴雾化 (atomization) 过程是表面积与质量的比率不断增加的过程。喷雾形成包括三个步骤：液体喷射、初次雾化和二次雾化。当液体从喷孔喷出之后，液体表面变形不断发展，最终导致液滴或液块从液柱分离，这个过程称为初次雾化过程。分裂长度 L_b 是初次雾化过程的一个重要参数，它是指从喷孔出口算起连续液柱的长度。从液柱分离出来的液滴或液块继续变形和碎裂形成更小的液滴，这个过程不断重复，一直到最小稳定液滴的形成，这个过程称为二次雾化过程。液滴越小，表面张力越大，稳定液滴的表面张力能够维持液滴不再变形碎裂。

雾化过程与液体能量有关，低能量液体初次雾化就能产生稳定液滴，对高能量液体二次雾化才显得重要，液体能量越高，二次雾化在整个雾化过程所占份额越大。液体通过喷孔喷入空气依能量 (喷射速度) 的大小可分五个区域，如图 4-16 所示。图中喷射速度是指喷孔出口体积流量与喷孔出口单位面积比值。

观察图中的曲线 *ABCDEGF*，其中 *A* 称为滴落区，该区液流速度很低，出口液体没有形成连续液柱，而是以液滴形式从出口滴出，出口速度是压差、喷孔直径和液体张力的函数；*B* 称

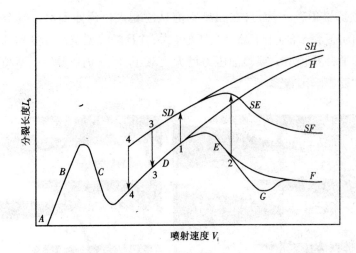

图 4-16　射流稳定性曲线

为 Rayleigh 区或平滑射流区,该区液柱受到波长与喷孔直径量级相同的一个轴对称扰动的作用,当扰动振幅等于液柱半径时,液滴从液柱脱落,液滴大小与喷孔直径有近似相同的尺度;C 称为第一风诱导(wind-induced)区或过渡区,该区扰动主要受空气动力(液柱表面风)剪切决定,扰动仍是轴对称的,但扰动增长极易受环境(气流)影响,二次雾化液滴明显增强,粒径分布范围明显扩大,初次雾化的液滴虽比 Rayleigh 区小,但仍属同一量级;D 称为第二风诱导区或波状射流区,该区扰动由液柱湍流和空气动力剪切共同决定,扰动发生在喷嘴出口,液体一出喷嘴即受到扰动,随着扰动增强,液柱形状变得极不规则,喷嘴出口附近有小液滴从液柱表面脱离,而下游液柱则碎裂成大的液块,大的液块随即进行二次雾化;E,G 和 F 称为喷雾射流区,该区扰动主要由喷孔内液体流动状况决定,液柱一出喷孔就开始碎裂成直径远小于喷孔直径的液滴,柴油机喷雾一般落在 F 喷雾射流区。以上各区可参照表 4-1 中无量纲参数进行界定,表中各参数意义如下:

$$We_L = \frac{\rho_L U_L^2 d}{\sigma} \quad We_G = \frac{\rho_G U_L^2 d}{\sigma} \quad Re_L = \frac{\rho_L U_L^2 d}{\mu_L} \quad Oh = \frac{\mu_L}{\sqrt{\rho_L d\sigma}} \quad T = \frac{\rho_L}{\rho_G}\left(\frac{Re_L}{We_L}\right)^2$$

式中:ρ 为密度,d 为喷孔直径,U 为速度,μ 为粘度,σ 为液体表面张力,下标 L 表示液体,下标 G 表示气体。

表 4-1　液柱喷射各区界定

序号	参数
A	$We_L < 8$
B	$We_L > 8$ $We_G < 4$ 或 $We_G < 1.2 + 3.4 Oh^{0.9}$
C	$1.2 + 3.4 Oh^{0.9} < We_G < 13$
D	$13 < We_G < 40.3$

序号	参数
E	$40.3 < We_G$ $\dfrac{\rho_G}{\rho_L} > \dfrac{\sqrt{A}-1.15}{744}\left[\dfrac{\sqrt{3}}{6}-\dfrac{\sqrt{3}}{6}\exp(-10T)\right]^{-2}$

对于图 4-16 中曲线 *ABCDEGF*,如果在区域 *D* 某速度点 1 形成挑射液流,则壁面摩擦以及空化产生的扰动不能对液柱产生影响,此时流通面积减小也促使流速增加,因而分裂长度会发生阶跃增加,并沿曲线 *SD—SE—SF* 变化。但是当喷射速度逐渐减小时,分裂长度不是在 1 点回落,而是在 4 点回落。同样,如果喷雾射流区域 *E* 某速度点 2 形成挑射液流,分裂长度同样会阶跃到曲线 *SD—SE—SF*,并且当喷射速度逐渐减小时,分裂长度在 3 点回落。曲线 *SD—SE—SF* 不仅分裂长度大,而且喷雾射流区和波状射流区对应的速度也高。例如,曲线 *ABCDEGF* 喷雾射流区 *E* 的 2 点,阶跃到曲线 *SD—SE—SF* 后,很可能落在 *SD—SE—SF* 的波状射流区或平滑射流区。

如果环境压力或更确切地说空气密度很低,以致低于临界值,则由于空气对液柱表面剪切作用过弱,就不会出现喷雾射流区,分裂长度一直随喷射速度增加而增加,即按曲线 *H* 或 *SH* 方向发展。如果环境压力或空气密度高于临界值,则分裂长度和喷射速度的关系按曲线 *F* 或 *SF* 方向发展。

4.4.2　初次雾化机理

圆柱射流实验结果表明,速度很高时液柱分裂长度(图 4-16 中 *G*、*F* 喷雾射流区)几乎与韦伯数无关。在标准温度和压力条件下,静止空气中喷雾实验表明,没有出现空化现象时分裂长度可表示为

$$L_b/d = 11.0(\rho_L/\rho_G)^{1/2} \qquad (We_L = 3.0\times10^4 \sim 3.0\times10^5)$$

在这种情况下,喷射液柱出现了较大扭曲,产生了较大的横向流动,如图 4-17(a)所示。液柱破碎形式有两种:一种是布袋式破碎,液柱被拉伸成薄片形成布袋形状然后破碎,如图 4-17(b)所示;另一种是剪切式破碎,液体层片从液柱表面剥离,如图 4-18 所示。大多数情况下,破碎是这两种形式的组合。

初次雾化产生的液滴运动速度差别不大,速度接近均匀分布。初次雾化速率采用液柱破碎效率因子 ε 表示,在圆柱射流湍流雾化区,有

$$\varepsilon = 0.012[x/(\Lambda We_L)^{0.5}]$$

式中:x 为从喷孔出口算起的沿液柱长度方向的距离,Λ 为喷孔出口沿液柱径向方向的积分长度尺度。ε 定义为

$$\varepsilon = \overline{m}_L''/(\rho_L \tilde{v}_r)$$

式中:$\overline{m}_L''$ 为相对液柱表面的液滴质量流率,$\tilde{v}_r$ 为质量平均的液滴径向相对速度。

质量平均的液滴轴向绝对速度 $\tilde{u}$、质量平均的液滴径向相对速度 $\tilde{v}_r$、时间平均的液柱表面当地轴向速度 $\overline{u}_s$ 以及喷嘴出口液柱平均速度 u_0 存在以下关系:

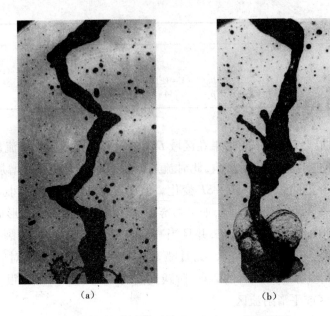

图4-17　距离喷孔出口1 014 mm 处阴影图

（a）液柱横向扭曲　（b）布袋破碎

（静止空气，$d = 4.8$ mm，$Re = 97\ 100$，$We = 33\ 100$）

图4-18　距离喷孔出口1 300 mm 处的剪切破碎阴影图

（静止空气，$d = 4.8$ mm，$Re = 129\ 000$，$We = 271\ 000$）

$$\bar{u}_s/u_0 = 0.89 \quad \bar{u}/\bar{u}_s = 0.88 \quad \tilde{v}_r/\bar{u}_s = 0.04 \sim 0.05$$

质量平均的液滴径向绝对速度 $\tilde{v}_r$ 沿液柱长度方向逐渐减小，由液柱扭曲程度决定。

4.4.3　空化现象对初次雾化的影响

图 4-19 所示是锐缘入口喷孔 Nozzle-S 和入口倒圆喷孔 Nozzle-R 的实验结果,常用的喷孔形式如图 4-20 所示。在图 4-19(a)中,喷孔 Nozzle-S 在背压 0.1 MPa 条件下形成了挑射液流,喷孔 Nozzle-R 由于入口倒圆从而不发生空化。可以看到,不发生空化现象的 Nozzle-R 喷孔和形成挑射液流的 Nozzle-S 喷孔,其分裂长度、雾场宽度十分类似,并且随着喷射压力增加,两者同样都没有出现明显雾化现象。在图 4-19(b)中,喷孔 Nozzle-S 在背压 3.1 MPa 条件下出现了空化现象。发生空化的 Nozzle-S 喷孔比不发生空化的 Nozzle-R 喷孔,雾化程度明显提高,尽管两者在无空化时喷雾场十分类似。

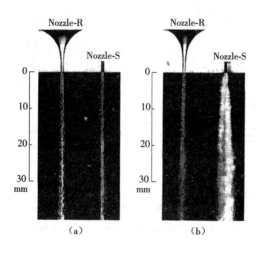

图 4-19　空化对喷雾场的影响

(a)$P_a = 0.1$ MPa　　(b)$P_a = 3.1$ MPa

$L/D = 4, D = 0.5$ mm$, \Delta P_i = 10.0$ MPa

对喷孔入口处流体振动加速级测试结果如图 4-21 所示。在没有空化和挑射液流情况下,振动加速级相同,并且不随压差(喷射压力)的增大而增大,而出现空化现象后,喷孔出口液流振动加速级急剧跃升并且随压差(喷射压力)的增大而明显增大。一般认为,空化气泡不断形成和溃灭造成的扰动,促进了射流雾化。

背压较低时,更多的气泡从喷孔逸出而不是溃灭,减小了对液柱的扰动,这时尽管喷射压力增加,射流也不会出现明显的雾化。而背压较高时,更多气泡在喷孔内部溃灭,形成了对液柱较大的扰动。所以,在同样的喷射压力下,高背压表现得更容易雾化。从这一点来说,扰动比空气动力学剪切对雾化的影响更大。

因此,可以采取措施增加喷孔内流体扰动的方法强化雾化。在 Nozzle-S 喷孔入口处垫衬垫丝网(图 4-20(c)),在入口处形成扰动,可以起到强化雾化的作用。如图 4-22 和图 4-23 所示,Nozzle-S 喷孔由于出现挑射液流,分裂长度突增,并不会出现明显雾化,而垫衬垫丝网后(Nozzle-N 喷孔),喷孔不再出现挑射液流,分裂长度随喷射压力没有明显变化,而雾场宽度明显增加。

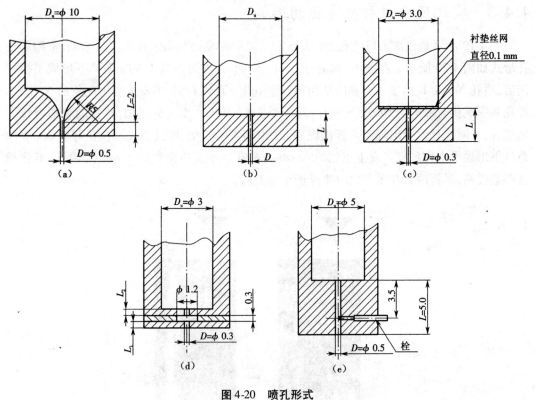

图 4-20　喷孔形式

（a）Nozzle-R　（b）Nozzle-S　（c）Nozzle-N　（d）Nozzle-G　（e）Nozzle-P

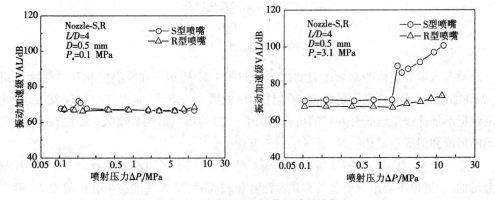

图 4-21　喷孔入口处流体振动加速级

　　随着长径比增大,衬垫丝网在入口处形成的扰动对出口射流的影响会减弱,所以随长径比增加,分裂长度增加,雾场宽度变窄,如图 4-24 和图 4-25 所示。

　　在喷孔中间加工环隙(图 4-20(d))可以形成对射流的扰动,从而起到强化雾化的作用,如图 4-26 和图 4-27 所示。由图可以看到,对于没有环隙的情况①,尽管喷射压力很高,射流雾化现象仍不明显;对于有环隙的情况②和③,射流雾化明显改善;对于情况④和⑤,由于环隙距离出口较远,其产生的扰动对出口射流影响减弱,雾化效果明显逊于情况②和③。

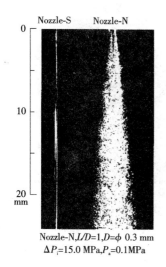

Nozzle-N,L/D=1,D=ϕ 0.3 mm
ΔP_i=15.0 MPa,P_a=0.1MPa

图 4-22 衬垫丝网对喷雾场的影响

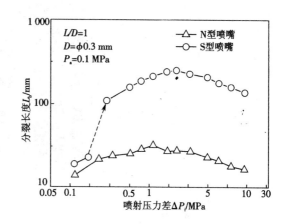

图 4-23 衬垫丝网对分裂长度的影响

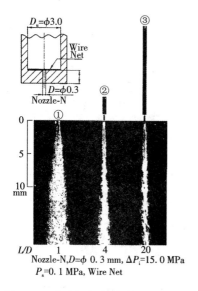

Nozzle-N,D=ϕ 0.3 mm, ΔP_i=15.0 MPa
P_a=0.1 MPa, Wire Net

图 4-24 喷孔长径比对喷雾场的影响

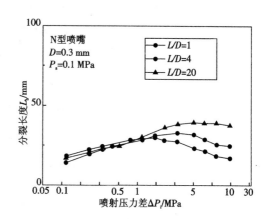

图 4-25 喷孔长径比对分裂长度的影响

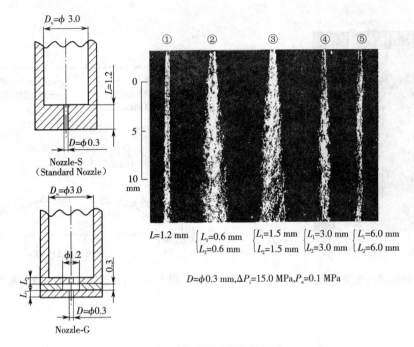

图 4-26　环隙对喷雾场的影响

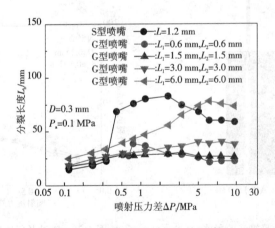

图 4-27　环隙对分裂长度的影响

总之,一切对喷孔出口液柱造成扰动的因素均能起到强化雾化的作用,扰动在喷孔出口处越强,雾化效果越好。

4.4.4　二次雾化机理

射流初次雾化产生的液滴在高速运动中将进一步分裂,即发生二次雾化。随着液滴与周围气体相对速度的增大,二次雾化大体分为以下四种形态。

1. 袋式分裂

在 $12 \leqslant We < 80$ 范围内,液滴发生袋式分裂。在气动力作用下,液滴先是变得扁平,而后逐步形成一个薄皮空心袋,在运动过程中会附在一些较厚的液环上,液袋最终发生失稳

而爆裂成细小液滴,随后液环也分裂成数量较少而尺寸较大的液滴,如图4-28(a)所示。

2. 剪切或边界层剥离式分裂

在 $80 \leqslant We \leqslant 350$ 范围内,液滴与气流间的滞留边界层在 Rayleigh-Taylor 不稳定波的作用下会从液滴周边剥离,边界层剥离后分裂成细小液滴,因失去一部分质量而变小的母液滴可能继续进行这一过程,如图4-28(b)所示。

3. 拉伸变薄式分裂

在 $80 \leqslant We < 350$ 范围内,由于气液间相对速度较高,液滴受向四周的拉伸力而变得扁平,液滴厚度从中心向四周逐渐变薄,最终发生分裂雾化,如图4-28(c)所示。

4. 突变式分裂

当 $We > 350$ 时,液滴表面会产生低频大振幅的 Rayleigh-Taylor 不稳定波。在这一不稳定波作用下,液滴破裂成尺寸较大的碎块和条带。在这些碎块和条带边缘上,会产生高频小振幅的 Kelvin-Helmholtz 不稳定波,随后这些碎块和条带分裂成大量细小液滴,直到最小液滴的 We 值低于临界值,液滴的表面张力能够维持液滴不再变形碎裂。柴油机缸内的二次雾化过程主要是突变式分裂,如图4-28(d)所示。

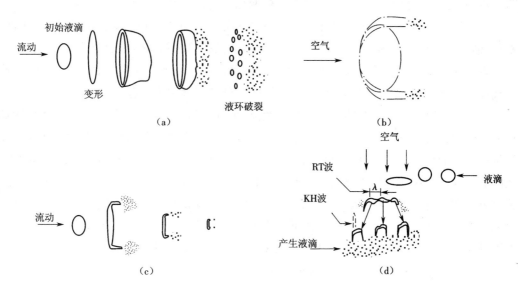

图 4-28　油滴二次雾化过程示意图

(a)袋式分裂　(b)剪切或边界层剥离式分裂　(c)拉伸变薄式分裂　(d)突变式分裂

4.5　喷雾场动力学和热力学特性

4.5.1　喷雾场结构

燃油从喷孔喷出,形成一个由液柱、油滴、油蒸气和空气组成的多相混合物的场,称作喷雾场。喷雾场在空间结构上可分为液核区、发展中区和充分发展区(自模区),液核区和发展中区又合称为近场区,充分发展区又称为远场区。发动机缸内燃烧室空间有限,近场区尺寸已超过或相当燃烧室尺寸,加之缸内气流为非定常性,一般不会出现远场区,因此我们仅讨论近场区特性。从气液两相耦合作用的角度出发,近场区可分为极稀薄区、稀薄区、稠密区和翻腾区,如图4-29所示(极稀薄区、稀薄区未在图上标出)。

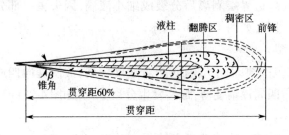

图4-29　喷雾场结构示意图

极稀薄区内油滴很小、很分散,以致与气相相比可以忽略。可以认为油滴与气体之间仍有质量、动量、能量交换,但气相不受此影响。此区仅考虑油滴的湍流扩散。

稀薄区内油滴密度较大,但油滴间距离仍远大于其直径。油滴间直接相互作用可以忽略,但油滴与气体之间的相互作用不能忽略,两相之间存在耦合问题。

稠密区内油滴之间存在相互作用,油滴之间发生碰撞或互相影响运动轨迹,由于油滴密集,油滴和气体之间的质量、动量、能量交换不能像稀薄区那样用单油滴计算公式。

翻腾区在紧邻液核的周围地带,是液核到油滴的中间状态。翻腾区液体所占体积分数与气体相当甚至超过气体,翻腾区燃油以薄片、纤丝甚至液块形式存在。

稠密区前锋沿喷注轴线能达到的最大距离(假如没有壁面阻挡)称作喷注的贯穿距离。在高速柴油机内一般组织强的涡流,由涡流吹偏喷注前锋使其延长的距离,不是喷注本身能量而贯穿的距离,所以不属于喷注的贯穿距离。喷注前进距离随时间的变化规律称为喷注的贯穿规律。喷注贯穿距离的平方与贯穿时间(喷注离开喷孔时刻为起始时间)之比大致上为一常数,称为贯穿常数。贯穿距离与喷孔沿轴线到燃烧室壁面的距离之比,称为贯穿率。喷注在前进过程中由于不断卷吸空气而呈锥体形态扩展体积,锥角也不断增大,其中以贯穿距60%处横截面与喷孔出口端形成的锥体的锥角作为喷雾锥角。

下面是常用到的几个评价喷雾场的参数。

1. 平均滴径

从喷嘴喷出的液雾中包含有大量尺寸不同的雾滴,为了在总体上表征雾滴的大小,常需把这些尺寸不同的雾滴折合成某一平均值。根据不同的需要,可以从不同的观点出发进行折合,折合后液滴直径可以用下面通式表示:

$$\overline{D}_{pq} = \left(\frac{\sum n_i D_i^p}{\sum n_i D_i^q} \right)^{\frac{1}{p-q}}$$

式中:n_i表示雾滴群中直径为D_i的雾滴个数。随p和q不同,$\overline{D}_{pq}$具有不同含义,详见表4-2。

表 4-2　常用平均滴径定义

平均直径	算术的	表面的	体积的	按总长度来度量体积的	SMD
符　号	$\overline{D}_{10}$	$\overline{D}_{20}$	$\overline{D}_{30}$	$\overline{D}_{31}$	$\overline{D}_{32}$
表达式	$\left(\dfrac{\sum n_i D_i}{\sum n_i}\right)$	$\left(\dfrac{\sum n_i D_i^2}{\sum n_i}\right)^{\frac{1}{2}}$	$\left(\dfrac{\sum n_i D_i^3}{\sum n_i}\right)^{\frac{1}{3}}$	$\left(\dfrac{\sum n_i D_i^2}{\sum n_i D_i}\right)^{\frac{1}{2}}$	$\left(\dfrac{\sum n_i D_i^3}{\sum n_i D_i^2}\right)$
p	1	2	3	3	3
q	0	0	0	1	2

$\overline{D}_{10}$ 表示折算后雾滴总数与原雾滴群相同,但雾滴直径均为 $\overline{D}_{10}$;$\overline{D}_{20}$ 表示折算后雾滴总数不变,但雾滴表面积均相同;$\overline{D}_{30}$ 表示折算后雾滴总数不变,但雾滴体积均相同;$\overline{D}_{31}$ 表示折算后雾滴总体积和总直径与原雾滴群相同,但雾滴总数不同;$\overline{D}_{32}$ 表示折算后雾滴群总体积和总表面积与原雾滴群相同,雾滴总数不同。$\overline{D}_{32}$ 又称索特平均直径,常用 SMD 表示。不同的平均直径应用于不同场合,索特平均直径主要应用于以质量输运和燃烧反应为优先考虑的场合。

2. 粒度分布

喷雾中包含有大量不同尺寸的雾滴,若把雾滴按直径分成若干尺寸段,求出各尺寸段中雾滴个数等参数与尺寸的函数关系,即为雾滴的尺寸分布或粒度分布,而这个函数关系式称为分布函数。按不同方式整理实验数据,可得出不同形式的尺寸分布曲线,如图 4-30 所示。尺寸分布曲线的横坐标为液滴直径,纵坐标一般有以下三种。

(1)液滴数目 N、体积 V。

(2)液滴数目的微分 $\mathrm{d}N/\mathrm{d}D$、液滴体积的微分 $\mathrm{d}V/\mathrm{d}D$(或 $\mathrm{d}m/\mathrm{d}D$)。这样的分布曲线又称作液滴尺寸的微分分布或频数分布。如果知道液滴总数 N_t 或总体积 V_t,则以 $N_r(D) = (1/N_t)\mathrm{d}N/\mathrm{d}D$ 或 $V_r(D) = (1/V_t)\mathrm{d}V/\mathrm{d}D$ 为纵坐标的尺寸分布称为频率分布。

(3)以一定尺寸的液滴数目(或体积)占总液滴数目(或总体积)的百分数,即 N/N_t(或 V/V_t)为纵坐标,称为液滴尺寸的积分分布。

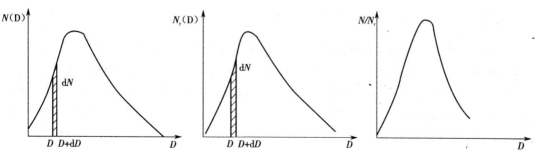

图 4-30　尺寸分布曲线

另一类液滴尺寸分布表示方法是在某一直径以下的所有液滴出现频率,称为累计频率分布。实验中常用累积体积分数 V_e,有

$$V_c = \int_0^{D_1} \frac{N_r(D)}{V_0} \left(\frac{\pi D^3}{6} \right) dD$$

它表示直径小于某一特定尺寸 D_1 的液滴所占体积分数，V_0 为液滴总体积。

直径大于某一特定尺寸液滴所占体积分数，称为剩余体积分数，有

$$R = 1 - V_c$$

液体是不可压缩的，故体积分数等于质量分数。

在 $V_c - D$ 图上，$V_c = 50\%$ 对应的直径称为中间直径，以 MMD 表示；$V_c = 10\%$ 对应的直径以 $D_{0.1}$ 表示，$V_c = 90\%$ 对应的直径以 $D_{0.9}$ 表示，$V_c = 99.9\%$ 对应的直径以 $D_{0.999}$ 表示，这几个参数又称为特征直径。对应频率分布曲线峰值的滴径称为最可几直径，以 D_m 表示。

分布函数实际上就是一种可以表示滴径分布的解析式。这类解析式通常有两类：一类是基于大量实验得到的解析式，称为经验分布函数；另一类是从喷雾物理概念入手，以纯数学方法推导出的雾化液滴尺寸分布预测函数，称为理论分布函数，又称为数学分布函数或概率密度分布函数。

3. 尺寸发散

液滴尺寸发散是指液滴从最小直径到最大直径的范围。液滴分布不均匀，尺寸范围大，则发散较大。液滴尺寸发散常用的评价参数为均匀度、相对尺寸范围、发散边界。

均匀度 (Δ_c) 表示相对中间直径的发散程度，有

$$\Delta_c = \frac{\pi}{6} \int_0^{D_{0.999}} D^3 (D_{0.5} - D) \, dD / D_{0.5}$$

相对尺寸 (Δ_s) 范围提供了液滴直径相对中间直径的范围，有

$$\Delta_s = \frac{D_{0.9} - D_{0.1}}{D_{0.5}}$$

发散边界 (Δ_b) 表示最大直径相对中间直径的发散程度，是为了评价最大液滴直径的发散程度，有

$$\Delta_b = \frac{D_{0.999} - D_{0.1}}{D_{0.5}}$$

4.5.2　油滴的运动、碰撞和蒸发

从喷孔喷出的燃油在雾化的同时，也与周围气体发生各种动力学和热力学作用，不断进行汽化、扩散、变形和碰撞。油滴汽化速度除与温度、压力、流速和滴径有明显关系外，还与燃油物化特性如汽化潜热、表面张力、粘度、密度也有很大关系。对于由混合物组成的燃油，不同组分间挥发性差别也会影响汽化过程。油滴蒸发速率可采用油滴半径变化率表示，有

$$R = \frac{dr}{dt} = -\frac{\rho_g DBSh}{2\rho_l r}$$

式中：D 为油蒸气层流质量扩散系数，Sh 为 Sherwood 准数。油滴表面燃油质量分数 B 可通过假设油蒸气分压等于当地温度条件下油蒸气平衡压力而获得。气相和液滴之间的热传导速率

$$Q = \frac{\alpha(T - T_\mathrm{d})Nu}{2r}$$

式中：α 为层流热扩散系数，Nu 为 Nusselt 准数，T 和 T_d 分别是气体和油滴温度。油滴温度变化根据油滴蒸发潜热和气相热传导构成的能量平衡方程计算。

实际燃油是多组分混合物，虽然连续热力学理论在模拟实际燃油中越来越受到重视，但由于需要将燃油分子量与燃油物性（如沸点温度、临界点温度、密度、表面张力、粘度等）关联，因此目前连续热力学理论还仅主要用于正构烯烃燃料，对于其他燃料的应用还有很多工作要做。

油滴扩散有宏观扩散和微观扩散两种形式。液滴周围气态油分子与空气分子混合，是微观扩散。油滴在气流运动作用下在雾场中进行分布，是液态燃油的宏观扩散，油滴在宏观扩散过程中因受到气体阻力会发生变形和旋转。油滴位置矢量 $\vec{x}$ 和速度矢量 $\vec{v}$ 可用下式表示：

$$\frac{\overrightarrow{\mathrm{d}x}}{\mathrm{d}t} = \vec{v}$$

$$\frac{\overrightarrow{\mathrm{d}v}}{\mathrm{d}t} = \vec{F}$$

液滴运动过程中加速度矢量 $\vec{F}$ 表示为

$$\rho_\mathrm{l} V \vec{F} = \frac{1}{2}\rho_\mathrm{g} C_\mathrm{D} A_\mathrm{f} |\vec{u} - \vec{v}| (\vec{u} - \vec{v})$$

式中：V 和 A_f 是液滴体积和前锋表面积；C_D 是球形液滴曳力系数，可表示为

$$C_\mathrm{D} = \frac{24}{Re_\mathrm{d}}\left(1 + \frac{1}{6}Re_\mathrm{d}^{2/3}\right) \quad (Re_\mathrm{d} \leqslant 1\,000)$$

或者

$$C_\mathrm{D} = 0.424 \quad (Re_\mathrm{d} > 1\,000)$$

液滴雷诺数表达式为

$$Re_\mathrm{d} = (2r\rho_\mathrm{g}|\vec{u} - \vec{v}|)/\mu_\mathrm{g}$$

发动机燃烧室内液滴在运动过程中会因受力而变形。对于非球形液滴，需要在球形液滴曳力系数基础上进行修正。此外，湍流涡团的无规则运动会对液滴产生随机干扰，因此液滴轨迹是曲折和脉动的不光滑曲线。湍流脉动使液滴产生的附加随机运动称为湍流扩散。在发动机缸内湍流脉动十分强烈，油滴的湍流扩散有时能够完全改变油滴轨迹的形状和位置，为此可采用随机轨道模拟方法考虑湍流扩散的影响。

在稠密喷雾区，油滴之间距离较小，甚至可与其直径为同一量级。因此，油滴之间存在强烈的相互作用，主要表现为油滴的相互碰撞、聚合、粉碎。这里碰撞是指液滴在相互作用后各自保持原有的大小和温度，只是速度的大小和方向发生改变；聚合是指液滴相互作用后聚结在一起形成一个较大的液滴；而粉碎是指两个相对速度较大的液滴相遇后产生很多细小油滴。发动机缸内液滴碰撞常采用 O'Rourke 和 Bracco 模型描述。在这个模型中，考虑了油滴相互接触后产生的两种不同结果：一是两个液滴接触后聚结在一起形成一个较大的液滴；二是两个液滴接触后又分离，各自保持原有的大小和温度，而速度发生改变。

油滴与燃烧室壁面接触后(即液滴撞壁)可能出现的情况有粘附、反弹、摊布、破碎、闪蒸、飞溅等。撞壁形式取决于液滴 Weber 准数:当 $We \leqslant 80$,液滴反弹;当 $We > 80$,液滴会碎裂并依据壁面条件和温度沿壁面滑动。液滴相撞或撞壁会导致某一尺度液滴减小或消失。

4.5.3　喷雾气液两相流的数学描述

喷雾场中的流体基本守恒方程如质量方程、动量方程和能量方程需要修正以考虑两相流动的影响。气相组分连续方程需要添加源项以考虑油滴蒸发的影响,动量方程需要考虑由于喷雾引起的单位体积的动量变化率,能量方程需要增加一个源项以考虑油滴蒸发引起的能量交换。湍流计算如果采用 RANS 方法,例如采用 $k-\varepsilon$ 模型,则湍流动能和耗散率方程要增加考虑喷雾与气相相互作用项。

喷雾内液相变化以油滴分布函数 f 进行描述,这个函数包含 11 个独立变量:3 个液滴位置分量,3 个液滴速度分量,液滴半径 r、温度 T_d、变形度 y、变形速率 $\dot{y}$ 和时间 t,能够给出任意时间、任意位置、单位体积油滴的最大概率数。油滴分布函数 f 的时间变化根据喷雾方程计算,描述随机变量状态矢量空间概率守恒的喷雾方程可表示为

$$\frac{\partial f}{\partial t} + \nabla_x(f\vec{v}) + \nabla_v(f\vec{F}) + \frac{\partial}{\partial r}(fR) + \frac{\partial}{\partial T}(fT_d) + \frac{\partial}{\partial y}(f\dot{y}) + \frac{\partial}{\partial \dot{y}}(f\ddot{y}) = f_{\text{coll}} + f_{\text{bu}}$$

式中:$f, \mathrm{d}\vec{v}, \mathrm{d}r, \mathrm{d}T_d, \mathrm{d}y, \mathrm{d}\dot{y}$ 是给定位置和时间单位体积液滴概率数变化值;$\vec{F} = \mathrm{d}\vec{v}/\mathrm{d}t$;$R, T_d, \ddot{y}$ 分别是液滴半径、温度和变形速度的时间变化率;f_{coll} 和 f_{bu} 是油滴碰撞和破碎源项。

通过求解喷雾方程,可以获得由于喷雾而需要增加的气体方程的源项。为了确保系统守恒,这些源项必须包含在气体守恒方程中。质量守恒方程需要增加的源项:

$$\dot{\rho}^s = \int f\rho_d 4\pi r^2 R \mathrm{d}\vec{v}\mathrm{d}r\mathrm{d}T_d\mathrm{d}y\mathrm{d}\dot{y}$$

动量守恒方程需要增加的源项:

$$F^g = \int f\rho_d\left(\frac{4}{3}\pi r^3\vec{F}' + 4\pi r^2 R\vec{v}\right)\mathrm{d}\vec{v}\mathrm{d}r\mathrm{d}T_d\mathrm{d}y\mathrm{d}\dot{y}$$

能量守恒方程需要增加的源项:

$$Q = \int f\rho_d\left\{4\pi r^2 R\left[I_1 + \frac{1}{2}(\vec{v} - \vec{u})^2\right] + \frac{4}{3}\pi r^3\left[c_1 T_d + \vec{F}'(\vec{v} - \vec{u} - \vec{u}')\right]\right\}\mathrm{d}\vec{v}\mathrm{d}r\mathrm{d}T_d\mathrm{d}y\mathrm{d}\dot{y}$$

湍流动能方程需要增加的源项:

$$W^s = \int f\rho_d\frac{4}{3}\pi r^3\vec{F}\vec{u}'\mathrm{d}\vec{v}\mathrm{d}r\mathrm{d}T_d\mathrm{d}y\mathrm{d}\dot{y}$$

式中:上标 s 表示喷雾引起的源项,下标 d 表示液滴,$\vec{F}' = \vec{F} - \vec{g}$,$\vec{u}$ 为气体速度湍流脉动,I_1 和 c_1 是液体液滴内能和比热。

喷雾方程的封闭需要对表达方程中各项进行模拟,给出相关子过程的模型。这些模型建立在理论假设和一些经验数据关联之上,不可避免地存在一些局限性。

4.6　内燃机缸内混合气制备

燃烧是内燃机的核心,而可燃混合气的制备对燃烧过程有决定性的影响。柴油机广泛

采用高压共轨、多次喷射技术控制混合气的形成和分布,降低局部燃空当量比,实现分段的局部预混和燃烧。这要求后次喷射不仅能够在富氧区形成更多部分预混合气,并且能够促进前次喷射、燃烧形成的贫氧区快速扩散。为了实现这一目标需要对缸内气流运动包括喷雾诱导湍流,燃油喷射、雾化、蒸发,混合气形成、燃烧,污染物生成、氧化机理有透彻的理解,在此基础上对气道、燃烧室、油束喷孔数量的设计参数,增压压力,废气再循环率,喷射压力、次数、间隔及油量分配进行分析优化。在多次喷射策略中,每次喷射意义不同,例如预喷可提高缸内温度,减少主喷滞燃期,这样主喷滞燃期减小、预混合部分减小、压升率降低,因而噪声降低。由于缸内温度较高,主喷浮起火焰长度减小,喷注内气体卷吸量减小,如果卷吸进喷注内的气体是预喷产物,这将减少喷注内氧含量,引起碳烟排放增加。这时需要采用后喷以减少主喷产生的碳烟。主喷和后喷之间的间隔可以为后喷卷吸新鲜充量创造条件,同时后喷产生的诱导湍流也可以促进主喷产生的碳烟与新鲜空气混合。一般后喷油量较小且形成预混合气,所以可认为后喷不产生碳烟,且能快速提高缸内温度,缩短后燃期,氧化主喷产生的碳烟,实现降低碳烟排放和提高热效率的目标。为了使主喷卷吸更多的新鲜空气并强化主喷混合过程,主喷可以分两次进行。同样为了减少预喷的压升率,预喷也可以分两次进行。

在各种直喷汽油机中,喷雾引导混合气形成、火花点火、分层燃烧直喷汽油机(Stratified Spray-guided Spark-ignition Direct-injection,SG-SIDI)最具前景。它由位居气缸中心喷嘴沿气缸轴线喷雾形成混合气,邻近火花塞在雾场边缘点燃混合气。它的特点是雾场结构紧凑集中、分层效果好、燃烧稳定(循环变动小)、排放和油耗低。但是,喷嘴和火花塞之间空间狭窄,喷油和点火时间间隔短暂,导致点火电极之间的点火条件极不稳定,强烈的气流脉动、浓度脉动和存在油滴很可能导致点火失败。为了克服雾场中速度和当量比空间分布梯度过大问题,需要对喷雾结构和点火位置进行精确控制。对于点火电极之间浓度速度场时间梯度过大问题,需要对喷油时刻和点火定时精确控制,另外还要保证油滴不能碰到点火电极。SG-SIDI 汽油机常采用两种典型喷嘴来达到目的:压电外开轴针式喷嘴和电磁阀控制的多孔喷嘴。外开轴针式喷嘴产生稳定的空心锥形雾场,贯穿度低,能够减少湿壁,对缸内温度、压力不敏感,不易结焦,但内部流动的不稳定及空化现象引起喷雾锥角波动,可导致失火。电磁阀控制的多孔喷嘴可以很容易地对油束数目、方位进行控制,实现理想的喷雾结构,成本低,但电磁阀控制速度低,难以适应多次喷射中需要的迅速启闭,有时还需要采用多个喷嘴。

参考文献

[1]苏海峰,张幽彤,罗旭,等.高压共轨系统水击压力波动现象试验[J].内燃机学报,2011, 29(2):163 – 168.

[2]李丕茂,张幽彤,谢立哲.喷射参数对共轨系统高压油管压力波动幅度的影响[J].内燃机学报,2013,31(6):550 – 556.

[3]汪翔.柴油喷嘴中的不稳定空化过程及其影响射流雾化的基础研究[D].天津:天津大学,2010.

［4］周龙保. 内燃机学［M］. 2 版. 北京:机械工业出版社,2005.

［5］N. B. 阿斯达赫夫,等. 柴油机的供油与燃油雾化［M］. 米鹤颐,译. 唐后启,校. 北京:国防工业出版社,1977. .

［6］Hountalas D T,Kouremenos A D. Development of a fast and simple simulation model for the fuel injection system of diesel engines［J］. Advances in Engineering Software, 1998,29(1): 13 – 28.

［7］Kouremenos D A,Hountalas D T,Kouremenos A D. Development and validation of a detailed fuel injection system simulation model for diesel engines. SAE Technical Paper Series 1999 – 01 – 0527, 694 – 702.

［8］Tomohiro Hayashi, Masayuki Suzuki, Masato Ikemoto. Visualization of internal flow and spray formation with real size diesel nozzle［C］. 12th Triennial International Conference on Liquid Atomization and Spray Systems, Heidelberg, Germany, September 2 – 6, 2012.

［9］Payri F,Bermúdez V,Payri R,etal. The influence of cavitation on the internal flow and the spray characteristics in diesel injection nozzles［J］. Fuel,2004,83: 419 – 431.

［10］Christophe D. On the experimental investigation on primary atomization of liquid streams ［J］. Exp Fluids,2008, 45:371 – 422.

［11］Hiroyasu H. Spray breakup mechanism from the hole-type nozzle and its applications［J］. Atomization and Sprays, 2000, 10:511 – 527

［12］Sallam K A,Dai Z,Faeth G M. Liquid breakup at the surface of turbulent round liquid jets in still ［J］. International Journal of Multiphase Flow, 2002, 28: 427 – 449.

［13］Tamaki N, Shimizu M, Nishida K,et al. Effects of cavitation and internal flow on atomization of a liquid jet［J］. Atomization and Sprays, 1998, 8:179 – 197.

［14］Tamaki N, Shimizu M, Hiroyasu H. Enhancement of the atomization of a liquid jet by cavitation in a nozzle hole［J］. Atomization and Sprays, 2001, 11:125 – 137.

［15］Lee C H, Reitz R D. An experimental study of effect of gas density on the distortion and breakup mechanism of drop in high speed gas stream［J］. International Journal of Multiphase Flow, 2000,29:229 – 244.

［16］何学良, 李疏松. 内燃机燃烧学［M］.北京:机械工业出版社, 1990.

［17］曹建明. 喷雾学［M］.北京:机械工业出版社, 2005.

［18］Jiang X,Siamas G A,Jagus K,et al. Physical modelling and advanced simulations of gas-liquid two-phase jet flows in atomization and sprays［J］. Progress in Energy and Combustion Science, 2010, 36:131 – 167.

［19］解茂昭. 内燃机计算燃烧学［M］.2 版. 大连:大连理工大学出版社, 2005.

［20］Reitz R D,Challen B, Baranescu R. Diesel engine reference book［M］. Boston: Elsevier Butterworth-Heinemann, 1999.

［21］Drake M C ,Haworth D C. Advanced gasoline engine development using optical diagnostics and numerical modeling［J］. Proceedings of the Combustion Institute, 2007,31:99 – 124.

［22］B Mahr. Future and Potential of Diesel Injection Systems//THIESEL 2002 Conference on Thermo-and Fluid-Dynamic processes in Diesel Engines, 5 – 17, Valencia, Spain, 11-13 Spet,2002.